ΣΑΧΑΡΑΣΙΑ
Η ΠΡΟΕΛΕΥΣΗ ΤΗΣ ΒΙΑΙΟΤΗΤΑΣ
ΤΟΥ ΑΝΘΡΩΠΟΥ

SAHARASIA
The Origin of Human Violence
Abridged Summary - Greek Language

James DeMeo, PhD

ΤΖΕΪΜΣ ΝτεΜΕΟ, Ph.D.

Διευθυντής του Ερευνητικού Εργαστηρίου Οργονικής Βιοφυσικής
(Orgone Biophysical Research Lab)
Ashland, Oregon, USA
www.orgonelab.org

ΣΑΧΑΡΑΣΙΑ

Η ΠΡΟΕΛΕΥΣΗ ΤΗΣ ΒΙΑΙΟΤΗΤΑΣ ΤΟΥ ΑΝΘΡΩΠΟΥ

SAHARASIA
The Origin of Human Violence
Abridged Summary - Greek Language
James DeMeo, PhD

Natural Energy Works
www.naturalenergyworks.net
www.saharasia.org

Τίτλος: Σαχαρασία: Η προέλευση της βιαιότητας του ανθρώπου

Copyright © Για την ελληνική γλώσσα: 2019 James DeMeo

ΜΕΤΑΦΡΑΣΗ: Θανάσης Μανταφούνης
                               Κώστας Θεοδωρίμπασης
ΕΠΕΞΕΡΓΑΣΙΑ ΚΕΙΜΕΝΟΥ,
ΕΠΙΜΕΛΕΙΑ ΚΑΙ ΑΠΟΔΟΣΗ
ΣΤΑ ΕΛΛΗΝΙΚΑ: Κώστας Δημόπουλος

Η εκτεταμένη παρουσίαση της εργασίας του δρ. ΝτεΜέο επί του θέματος περιλαμβάνεται στο βιβλίο *Saharasia: The 4000 BCE Origins of Child Abuse, Sex-Repression, Warfare and Social Violence, In the Deserts of the Old World,* Natural Energy Works, 1998, 2011.

The full English book Saharasia is available from Natural Energy Works (below).

ISBN: 978-0-9974057-2-9

ΚΕΝΤΡΙΚΗ ΔΙΑΘΕΣΗ: Natural Energy Works
                  PO Box 1148
                  Ashland, Oregon, 97520 USA
                  info@naturalenergyworks.net
                  www.naturalenergyworks.net

ΠΕΡΙΕΧΟΜΕΝΑ

ΣΑΧΑΡΑΣΙΑ

Η ΠΡΟΕΛΕΥΣΗ ΤΗΣ ΒΙΑΙΟΤΗΤΑΣ ΤΟΥ ΑΝΘΡΩΠΟΥ

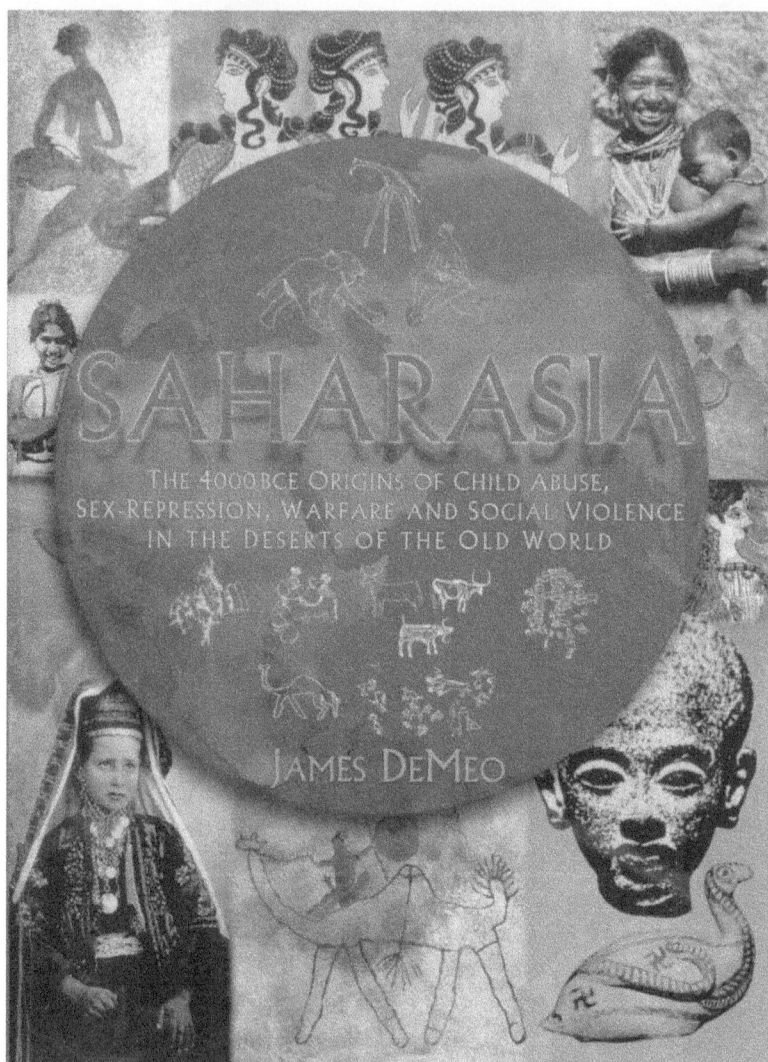

SAHARASIA

THE 4000 BCE ORIGINS OF CHILD ABUSE,
SEX-REPRESSION, WARFARE AND SOCIAL VIOLENCE
IN THE DESERTS OF THE OLD WORLD

JAMES DEMEO

*Το εξώφυλλο της πλήρους αγγλικής έκδοσης
του βιβλίου «Σαχαρασία»*

Saharasia: The 4000 BCE Origins of Child Abuse,
Sex-Repression, Social Violence and War,
In the Deserts of the Old World

by James DeMeo, Ph.D.

465 pages Over 100 Maps, Tables and Illustrations
Full English Edition. 2006
http://www.naturalenergyworks.net

Ancient humans were peaceful - modern violence is avoidable. That's the basic message contained in "Saharasia", a controversial "marriage of heresies" over 10 years in the making. It will change forever your way of looking at the world, your home culture, and current events. Saharasia constitutes a revolutionary new discovery on a previous hidden geographic pattern of global human behavior as deeply embedded within the scientific literature of anthropology, history and archaeology.

Author James DeMeo's discovery also includes identification of the Saharasian region (North Africa, Middle East, Central Asia) as the most violent on Earth, being the homelands of the Islamo-fascist terror brigades, where women are basically slaves. This same region is also the largest contiguous hyperarid desert on the planet, a fact which is historically causal to the high levels of violence, as from ancient desertification at c.4000-3500 BC, with attending desert warrior-nomad tribalism. If you truly want to know why so much of the world is in such a miserable warlike condition, this book - the largest and most ambitious systematic, cross-cultural evaluations of human behavior ever undertaken - will provide answers.

ΠΑΡΟΥΣΙΑΣΗ ΤΟΥ ΒΙΒΛΙΟΥ
ΣΑΧΑΡΑΣΙΑ

από τον Πίτερ Ρόμπινς

Παρουσιάστηκε στο περιοδικό
Pulse of the Planet, 2002

Κατά καιρούς, κυκλοφορεί κάποιο βιβλίο τόσο μοναδικό στη σύλληψή του και τόσο εκπληκτικό στην πρωτοτυπία της ερευνητικής μεθοδολογίας και των ευρημάτων του, που νιώθω την ανάγκη να σας το παρουσιάσω. Η *Σαχαρασία* είναι ένα τέτοιο βιβλίο. Εξ όσων γνωρίζω, λίγοι άνθρωποι έχουν τις δυνατότητες να αναλάβουν ένα τόσο δύσκολο εγχείρημα, και ακόμα λιγότεροι έχουν την ικανότητα να το ολοκληρώσουν με επιτυχία. Ο συγγραφέας του βιβλίου ανήκει σε αυτή τη μικρή ομάδα.

Ο δρ. Τζέιμς ΝτεΜέο έκανε την πτυχιακή του εργασία στις Περιβαλλοντικές Επιστήμες και είναι κάτοχος διδακτορικού (Ph.D.) στη Γεωγραφία από το Πανεπιστήμιο του Κάνσας. Οι έρευνές του που ξεκινούν από θέματα που σχετίζονται από την ανάπτυξη κατά την πρώτη παιδική ηλικία και φθάνουν έως τα ΑΤΙΑ, βασίζονται στην βαθιά γνώση και κατανόηση της ζωής και του έργου του δρ. Βίλχελμ Ράιχ, ενός γίγαντα της επιστήμης του οποίου οι απόψεις και τα ευρήματα διαστρεβλώθηκαν και σπιλώθηκαν περισσότερο από οποιουδήποτε άλλου επιστήμονα των τελευταίων αιώνων. Ο δρ. ΝτεΜέο ασχολείται περισσότερα από τριάντα χρόνια με τη διερεύνηση και με την επέκταση των αρχικών ευρημάτων του Ράιχ, τόσο στις κοινωνικές όσο και στις φυσικές επιστήμες.

Επίσης, διευθύνει το Οργονικό Εργαστήριο Βιοφυσικής Έρευνας, το οποίο βρίσκεται στην πανέμορφη, παλλόμενη και αγνή ύπαιθρο της πόλης Άσλαντ, του Όρεγκον. Το Εργαστήριο, που ονομάζεται και «Κέντρο Greenspring», ιδρύθηκε το 1978 και είναι μη κερδοσκοπικό ίδρυμα έρευνας και εκπαίδευσης, το οποίο στο πέρασμα του χρόνου έχει υποστηρίξει διάφορες εργαστηριακές έρευνες αλλά και επιχειρήσεις εφαρμογής των ερευνητικών αποτελεσμάτων, διαλέξεις και σεμινάρια εκπαιδευτικού χαρακτήρα, τόσο στις ΗΠΑ όσο και στον υπόλοιπο κόσμο. Στο βιβλίο του με τίτλο *Σαχαρασία*, ο δρ. ΝτεΜέο μάς παρουσιάζει, με σεμνότητα και χωρίς τυμπανοκρουσίες τη συγκλονιστική του εργασία, στην οποία συγκρίνοντας πρωτότυπα ερευνητικά στοιχεία, τα οποία συνέλεξε φιλόπονα από απολύτως τεκμηριωμένες έρευνες, κατέληξε να αναπτύξει έναν εντελώς νέο τρόπο εξέτασης της εξέλιξης της κοινωνικής και της οικογενειακής βίας. Ο συγγραφέας —λειτουργώντας ταυτόχρονα ως ντετέκτιβ, εξερευνητής και ακαδημαϊκός— μας εισάγει στο γεγονός ότι τα 6.000 χρόνια των κλιματικών αλλαγών που συνέβησαν με επίκεντρο της Ερήμους της Σαχάρας και της Ασίας, εμφανίζουν παράλληλη πορεία με αντίστοιχες αλλαγές που συνέβησαν στην ανθρώπινη συμπεριφορά. Εκ πρώτης απόψεως μπορεί να ακούγεται υπεραπλουστευμένο, αλλά το γεγονός είναι ότι καθώς η συγκεκριμένη περιοχή μετεβλήθη από γόνιμο, πράσινο κέντρο αναδυόμενων πολιτισμών, σε άνυδρη, αφιλόξενη έρημο, ένα αντίστοιχο φαινόμενο συνέβη και στην ανθρώπινη ψυχή: η ανάπτυξη βίαιων, σεξουαλικά καταπιεστικών κοινωνιών όπου επικρατούσε η ανδρική κυριαρχία, ακολουθούσε παράλληλη πορεία με την ανάπτυξη των ερήμων της περιοχής.

Με υπόβαθρο το πρωτοποριακό έργο του δρ. Βίλχελμ Ράιχ, η *Σαχαρασία* είναι —πέρα από το συναρπαστικό περιεχόμενό του— ένα από τα πιο όμορφα σχεδιασμένα και πλούσια εικονογραφημένα βιβλία, ανεξαρτήτως θέματος, που έχουν πέσει στα χέρια μου εδώ και πολύ καιρό. Έχει μεγάλο μέγεθος, πρωτότυπη και ευανάγνωστη σελιδοποίηση, και η τυπογραφική του ποιότητα το κάνουν ευχάριστο τόσο στο μάτι όσο και στην ανάγνωση, ενώ η τιμή του σε σχέση με την ποιότητα της εκτύπωσης είναι σίγουρα χαμηλή. Αν είστε μελετητές της ιστορίας, της Μέσης Ανατολής, της ψυχολογίας, της ανθρωπολογίας, της αρχαιολογίας, της κλιματολογίας, της ανάπτυξης των παιδιών, των γυναικείων θεμάτων, των πολιτισμών πριν τη Βίβλο, ή απλώς περίεργοι να μάθετε πώς έφτασε ο κόσμος στην κατάσταση που βρίσκεται σήμερα, μη διστάσετε να το παραγγείλετε. Δεν θα σας απογοητεύσει. Εγώ το απόλαυσα πραγματικά.

11

ΟΡΙΣΜΟΙ

ΠΑΤΡΙΣΤΙΚΕΣ ΚΟΙΝΩΝΙΕΣ

Όσοι πολιτισμοί είχαν τάση να προκαλούν πόνο και τραύμα στα νήπια και στα μικρά παιδιά, να τιμωρούν τους νεαρούς έφηβους για την εκδήλωση της σεξουαλικότητάς τους, να τους επιβάλλουν γάμους με προξενιό, να υποτάσσουν τις γυναίκες και με οποιοδήποτε άλλο τρόπο να περιορίζουν σημαντικά τις ελευθερίες των νεαρών ανθρώπων και των ηλικιωμένων γυναικών μέσω της πυγμής των ανδρών, εμφάνιζαν ταυτόχρονα και υψηλά επίπεδα βίας από τους ενηλίκους, και διέθεταν διάφορους κοινωνικούς θεσμούς που είχαν σκοπό να εκδηλώνουν συσσωρευμένη σαδιστική επιθετικότητα. Αυτού του είδους τους πολιτισμούς τους ονόμασα *πατριστικές* ομάδες. Διαπίστωσα ότι όλοι οι πατριστικοί πολιτισμοί, σε κάποια χρονική στιγμή της ιστορίας τους, ήταν οργανωμένοι (μέσω μετακίνησης και ώσμωσης πληθυσμών) σε μεγάλα βασίλεια πολεμιστών, με ιδιαίτερα αυταρχικό χαρακτήρα και κτηνώδεις θεσμούς όπως η ελέω Θεού βασιλεία, και η τελετουργική δολοφονία των χήρων γυναικών (*σουτί ή φόνος της μητέρας*), οι ανθρωποθυσίες, και τα σαδιστικά τελετουργικά βασανιστήρια των εχθρών, των αιρετικών, τον κοινωνικών επαναστατών και των εγκληματιών αντίστοιχα.

ΜΗΤΡΙΣΤΙΚΕΣ ΚΟΙΝΩΝΙΕΣ

Στον αντίποδα αυτών των πατριστικών ομάδων βρίσκονται οι ειρηνικές *μητριστικές* κοινωνίες, στις οποίες η μεταχείριση των παιδιών και οι σεξουαλικές σχέσεις είχαν τελείως διαφορετικό χαρακτήρα, ήταν δηλαδή πολύ τρυφερές και προσανατολισμένες προς την ηδονή. Στους μητριστικούς πολιτισμούς ευδοκιμεί, επίσης, η δημοκρατία, η ισότητα, η σεξουαλικότητα, ενώ η εφηβική βία εμφανίζεται με πολύ χαμηλά ποσοστά. Επιπλέον, στην πολιτιστική ιστορία των μητριστικών ομάδων δεν συναντώνται οι ακραίες εκδηλώσεις του πατρισμού, που περιγράψαμε παραπάνω.

ΥΠΟΣΤΗΡΙΖΟΥΜΕ

ότι ο μητρισμός αποτελεί την πρωιμότερη, αρχική, και έμφυτη μορφή ανθρώπινης συμπεριφοράς και κοινωνικής οργάνωσης, ενώ ο πατρισμός, ο οποίος διαιωνίζεται μέσω κοινωνικών θεσμών που τραυματίζουν το άτομο, πρωτοεμφανίστηκε στους πληθυσμούς του homo sapiens στη Σαχαρασία, υπό την επίδραση της έντονης ερημοποίησης, της ασιτίας και της υποχρεωτικής μετανάστευσης.

ΣΑΧΑΡΑΣΙΑ

Είναι η περιοχή με τη μεγαλύτερη επικράτηση πατριστικών χαρακτηριστικών [...] είναι η ζώνη της ερήμου του Παλιού Κόσμου που εκτείνεται σε όλη τη Βόρειο Αφρική, στη Μέση Ανατολή και φτάνει ως την Κεντρική Ασία.

ΜΗ ΘΡΗΣΚΕΥΤΙΚΗ ΧΡΟΝΟΛΟΓΗΣΗ

ΠΤΕ: Η συντομογραφία ΠΤΕ σημαίνει Πριν την Τρέχουσα Εποχή, και χρονολογικά ταυτίζεται με το «π.Χ.» ή «Προ Χριστού».

ΤΕ: Η συντομογραφία ΤΕ σημαίνει Τρέχουσα Εποχή, και αντιστοίχως αντικαθιστά το «μ.Χ.» (μετά Χριστόν). Στα Αγγλικά, το «μ.Χ.» γράφεται «A.D.», από το λατινικό «anno Domini» που σημαίνει «έτος του Κυρίου», δηλαδή του «κυρίαρχου», του «κατακτητή».

13

ΣΗΜΕΙΩΜΑ ΤΟΥ ΣΥΓΓΡΑΦΕΑ ΓΙΑ ΤΗΝ ΕΛΛΗΝΙΚΗ ΕΚΔΟΣΗ

Η θεωρία ότι οι ανθρώπινοι πολιτισμοί στο απώτατο παρελθόν είχαν προσανατολισμό προς την ειρήνη, προς τη συνεργασία και προς τη δημιουργικότητα, χωρίς συστηματικούς πολέμους ή σημαντικού βαθμού κοινωνική βία, υποστηριζόταν ανέκαθεν από πολυπληθή αρχαιολογικά, εθνογραφικά και διαπολιτισμικά δεδομένα.

Ωστόσο, η άποψη αυτή, μόνο σε σπάνιες περιπτώσεις ακούγεται εξαιτίας των προκαταλήψεων με τις οποίες αντιμετωπίζεται και της λογοκρισίας από την οποία περιβάλλεται, όπως διαπιστώνουμε ανατρέχοντας στις εκδόσεις των γνωστών πανεπιστημίων αλλά και από τα εκλαϊκευμένα έντυπα. Δεν είναι ιδιαίτερα δημοφιλές θέμα, διότι μέσω των αντιφάσεων που διαπιστώνονται στα χαρακτηριστικά των ειρηνικών και των βίαιων πολιτισμών αμφισβητούνται θέματα πολιτικά ευαίσθητα, και οι παγιωμένες απόψεις των «μορφωμένων» αλλά και του μέσου ανθρώπου. Η ανακάλυψή μου περί Σαχαρασίας, που δημοσιεύτηκε αρχικά τη δεκαετία του 1980, διεισδύει εξαιρετικά αργά στη δημόσια συζήτηση, ενώ έχει συχνά δεχθεί λυσσώδεις επιθέσεις, από κάθε είδους οργανωμένες ομάδες. Παρ' όλα αυτά, τα ευρήματα παραμένουν αληθή και από αυτά αναδεικνύεται ο τρόπος ζωής των ειρηνικών κοινωνιών, με αναλογίες και παραδείγματα από τον σημερινό κόσμο. Με βάση τη θεωρία περί Σαχαρασίας ερμηνεύτηκε επιπλέον και η ιδιαίτερα μεγάλης εντάσεως βία, η οποία, σύμφωνα με τα ιστορικά στοιχεία, ξεσπούσε στην κοινωνική σκηνή των πιο υγρών παρακείμενων περιοχών, κάθε φορά που φυλές της ερήμου και πολεμιστές-νομάδες μετακινήθηκαν από τις υπεράνυδρες περιοχές της Σαχαρασίας —όπως συνέβη χαρακτηριστικά κατά τις εισβολές Ούνων, Τούρκων-Μογγόλων και άλλων ισλαμικών φύλων στην Ευρώπη και σε άλλες περιοχές γειτονικές με τη Σαχαρασία. Η περί Σαχαρασίας θεωρία είχε επίσης προβλέψει τόσο την κοινωνική βία, όσο και την τρομοκρατία που συνοδεύουν τις σημερινές μεταναστεύσεις-εισβολές του ισλαμικού πληθυσμού. Όπως είπε ο Σανταγιάνα στην περίφημη δήλωσή του: «Όσοι δεν διδάσκονται από τα μαθήματα της ιστορίας, είναι καταδικασμένοι να τα επαναλάβουν». Και δυστυχώς η ανύποπτη ανθρωπότητα δεν έχει μάθει ακόμα τίποτα από το κεφάλαιο Σαχαρασία.

Η παρούσα περιληπτική έκδοση του βιβλίου μου περί Σαχαρασίας, σε ελληνική μετάφραση, ήταν απαραίτητη λόγω του αυξανόμενου ενδιαφέροντος για τα ευρήματά μου, και σκοπό έχει να βοηθήσει όσους δεν έχουν την απαραίτητη ευχέρεια με την Αγγλική να ξεπεράσουν το εμπόδιο της γλώσσας. Παρουσιάζονται όλα τα βασικά στοιχεία της μελέτης, πολλά περισσότερα από όσα περιέχει το άρθρο-περίληψη της θεωρίας περί Σαχαρασίας, το οποίο είναι αναρτημένο στην ιστοσελίδα μου και επίσης περιλαμβάνεται στον παρόντα τόμο. Θα ήθελα να ευχαριστήσω τον Θανάση Μανταφούνη, τον Κώστα Θεοδωρίμπαση και τον Κώστα Δημόπουλο για το συνεχιζόμενο ενδιαφέρον τους και τη φιλόπονη εργασία τους στη μετάφραση και στην επιμέλεια των ελληνικών κειμένων.

Τζέιμς ΝτεΜέο

Δεκέμβριος 2018

Άσλαντ, Όρεγκον, ΗΠΑ

ΣΑΧΑΡΑΣΙΑ

Η ΠΡΟΕΛΕΥΣΗ ΤΗΣ ΒΙΑΙΟΤΗΤΑΣ
ΤΟΥ ΑΝΘΡΩΠΟΥ

ΕΠΙΣΚΟΠΗΣΗ

Ας ξεκινήσουμε την επισκόπηση με δέκα σημαντικά ερωτήματα, τα οποία είναι πολύ πιθανό ότι έχουν απασχολήσει πολύ κάθε αναγνώστη. Τα ίδια ερωτήματα απετέλεσαν την αφετηρία και την κατεύθυνση των ευρημάτων της μελέτης μας που παρουσιάζεται στο βιβλίο και έχει τίτλο: *Σαχαρασία*.

1. Ποιες είναι οι αιτίες και οι βαθύτερες πηγές της ανθρώπινης βιαιότητας και των πολέμων;

2. Εφόσον οι περισσότεροι επιθυμούν «παγκόσμια ειρήνη» και συμφωνούν με τη θρησκευτική προτροπή «αγάπα τον πλησίον σου», γιατί υπάρχει τόσο μίσος και τόσοι φόνοι σε κάθε γωνιά του πλανήτη;

3. Σε μια εποχή αχαλίνωτης σεξουαλικότητας, για ποιο λόγο υπάρχει τέτοιας έκτασης σεξουαλική δυστυχία, τόσο λίγη αγάπη και γιατί η φυσική σεξουαλική λειτουργία δεν συζητείται ανοιχτά, αποκρύπτεται και συνοδεύεται από ενοχές;

4. Γιατί τόσοι πολλοί πολιτικοί και θρησκευτικοί ηγέτες συμπεριφέρονται υποκριτικά, και γιατί τα θεοκρατικά κράτη είναι τα πλέον αιμοσταγή και βίαια;

5. Ποιος είναι ο ρόλος της πολιτικής, της θρησκείας και του μέσου ανθρώπου, στην πολιτιστική δυναμική που δημιουργεί τις βίαιες κοινωνίες;

6. Είναι οι άνθρωποι εγγενώς βίαιοι, εξαιτίας του «προπατορικού αμαρτήματος» ή κάποιων «βίαιων γονιδίων»; Είναι η βία κάτι που απλώς «μαθαίνουμε» ή μήπως είναι άλλοι οι λόγοι ύπαρξής της και σχετίζονται με τις τραυματικές εμπειρίες κατά την παιδική ηλικία;

7. Υπάρχουν άραγε πραγματικά ειρηνικές κοινωνίες; Υπήρξαν ποτέ στην ιστορία της ανθρωπότητας;

8. Έχει πραγματική βάση η άποψη ότι υπήρξε κάποτε μια αρχαία εποχή όπου παντού επικρατούσαν ειρηνικές κοινωνικές

συνθήκες, όπως αναφέρεται στις διάφορες μυθολογίες και θρησκείες;

9. Αν ναι, πώς ήταν οι συνθήκες ζωής αυτών των ειρηνικών πολιτισμών και σε ποιο σημείο της Γης βρίσκονταν;

10. Ποια ήταν τα συγκεκριμένα συμβάντα που άλλαξαν την όψη του κόσμου δραματικά προς το χειρότερο, και δημιούργησαν το τεράστιο χάος στο οποίο βυθίζεται καθημερινά το μεγαλύτερο μέρος της ανθρωπότητας;

Πριν από δεκαπέντε και πλέον χρόνια, ως φοιτητής περιβαλλοντικών επιστημών, ανέλαβα μια έρευνα στην οποία θα χρησιμοποιούσα κάποιες ασυνήθιστες μεθόδους που δεν είχε σκεφτεί κανείς μέχρι τότε και αποδείχθηκαν ιδιαίτερα καρποφόρες. Στόχος μου ήταν να βρω απαντήσεις σε κάποια ή και σε όλα τα παραπάνω ερωτήματα. Χρειάστηκα σχεδόν επτά χρόνια, το μεγαλύτερο μέρος των οποίων το πέρασα μελετώντας μόνος σε μεγάλες πανεπιστημιακές βιβλιοθήκες, άλλα τόσα χρόνια επεξεργασίας των στοιχείων σε υπολογιστές και μεγάλα διαστήματα επιτόπου έρευνας στις ερήμους της Αιγύπτου, του Ισραήλ και των Νοτιοδυτικών Ηνωμένων Πολιτειών. Εφάρμοσα συνδυαστικά γεωγραφικές, διαπολιτισμικές, αρχαιολογικές και ιστορικές τεχνικές για τον προσδιορισμό των συγκεκριμένων διαφορών ανά γεωγραφική θέση που αφορούσαν στους πολέμους, στη σεξουαλική καταπίεση και στην κακομεταχείριση των παιδιών. Εξαιρετική σημασία είχε το γεγονός ότι διερεύνησα και εστιάστηκα και σε έναν μικρό αριθμό, λιγότερο γνωστών ειρηνικών και συνεργατικών πολιτισμών, για τους οποίους υπήρχαν αρκετά στοιχεία καλά τεκμηριωμένα. Ιδιαίτερο ενδιαφέρον έδωσα στον βαθμό εκδήλωσης ή αναστολής της αγάπης στις σχέσεις ανδρών-γυναικών και μητέρας-βρέφους.

Από τα αρχικά ακόμα στάδια της μελέτης μου, διαπίστωσα ότι στη γεωγραφική κατανομή της ανθρώπινης συμπεριφοράς και των κοινωνικών θεσμών υπεισέρχεται μια κλιματική συνιστώσα: *παρατήρησα, δηλαδή, την ύπαρξη ενός γενικευμένου συσχετισμού των κλιματικών συνθηκών ερήμου με την αναστολή των συναισθημάτων και, αντιστοίχως, ενός συσχετισμού των πε-*

20

ριοχών με τροπικά δάση με μια περισσότερο ρευστή και εκφραζόμενη συγκινησιακή ζωή. Από την περαιτέρω έρευνα σταδιακά αποκαλύφθηκε ότι αυτός ο απλουστευτικός συσχετισμός με το κλίμα ισχύει μόνο εν μέρει —άλλωστε, από ένα συσχετισμό δεν προκύπτει υποχρεωτικά και η αιτιολόγηση— αλλά από την προσέγγισή μου άρχισε να διαφαίνεται ένα στοιχείο με εξαιρετική σημασία. Οι συσχετισμοί αποσαφηνίστηκαν περισσότερο καθώς προχωρούσε η εργασία. Εξέτασα συνηθισμένα διαπολιτισμικά στοιχεία της ανθρώπινης συμπεριφοράς ως προς τη γεωγραφική τους παράμετρο —δηλαδή, αποτυπώνοντας τα στοιχεία σε χάρτες, και όχι απλώς σε πίνακες με αριθμούς— και αμέσως άρχισαν να εμφανίζονται εντυπωσιακά και σαφή χρονικά και τοπικά πρότυπα στους χάρτες που είχα δημιουργήσει: *Η ανθρώπινη βιαιότητα στη Γη έδειχνε να έχει συγκεκριμένο χρόνο εμφάνισης και συγκεκριμένη τοποθεσία προέλευσης. Η αντικοινωνική βία δεν ήταν ισοκατανεμημένη στον πλανήτη, ούτε τοπικά, ούτε χρονικά! Επιπλέον, μάθαμε ότι η έναρξή της συνέβη σε συγκεκριμένο χρόνο, σε μια κύρια ιστορική περίοδο, όπου το κλίμα μετεβλήθη από σχετικά υγρό σε σχετικά ξηρό.*[1]

Κατά την έρευνά μου συνδυάστηκαν η διαπολιτισμική προσέγγιση του ανθρωπολόγου με τις χωρικές αναλυτικές τεχνικές του γεωγράφου, με έμφαση στις ιστορικές εξελικτικές διαδικασίες και στο φυσικό περιβάλλον. Αυτή η προσέγγιση μου έδωσε τη δυνατότητα να αποκαλύψω ένα παγκόσμιο γεωγραφικό πρότυπο ανθρώπινης συμπεριφοράς και κοινωνικών θεσμών, ιδιαίτερα εκείνων που σχετίζονται με την οικογένεια και με τη σεξουαλική ζωή. Επιπλέον, το πρότυπο αυτό συσχετιζόταν στενά με τα πολύ γνωστά πρότυπα των κλιματικών συνθηκών της ερήμου, και των μετακινήσεων πληθυσμού. Οι κοινωνικές μεταβλητές που μελέτησα περιλάμβαναν τη μεταχείριση νηπίων και παιδιών, τις τελετές ενηλικίωσης των εφήβων, τη θέση των

---

1 J. DeMeo.: *On the Origins and diffusion of Patrism: The Saharasia Connection (Περί προέλευσης και διασποράς του πατρισμού: Ο παράγοντας Σαχαρασία).* U. Kansas Geography Dept. Dissertation, 1986. University Microfilms, Ann Arbor, MI 1987. [στμ: Συμπεριλαμβάνεται ως δεύτερο κεφάλαιο στον παρόντα τόμο.]

γυναικών, τους τύπους γάμου, τη συγγένεια, τους νόμους περί κληρονομιάς, τις σχέσεις ανδρών-γυναικών, τη σεξουαλική συμπεριφορά, την τάση προς τη συνεργασία ή προς τον ανταγωνισμό, τις ενέργειες καταστροφικής επιθετικότητας, την κοινωνική ιεραρχία, τη θρησκεία, κ.ο.κ. Όσοι πολιτισμοί είχαν τάση να προκαλούν πόνο και τραύμα στα νήπια και στα μικρά παιδιά, να τιμωρούν τους νεαρούς έφηβους για την εκδήλωση της σεξουαλικότητάς τους, να τους επιβάλλουν γάμους με προξενιό, να υποτάσσουν τις γυναίκες και με οποιοδήποτε άλλο τρόπο να περιορίζουν σημαντικά τις ελευθερίες των νεαρών ανθρώπων και των ηλικιωμένων γυναικών μέσω της πυγμής των ανδρών, εμφάνιζαν ταυτόχρονα και υψηλά επίπεδα βίας από τους ενηλίκους, και διέθεταν διάφορους κοινωνικούς θεσμούς που είχαν σκοπό να εκδηλώνουν συσσωρευμένη σαδιστική επιθετικότητα. Αυτού του είδους τους πολιτισμούς τους ονόμασα *πατριστικές* ομάδες. Διαπίστωσα ότι όλοι οι πατριστικοί πολιτισμοί, σε κάποια χρονική στιγμή της ιστορίας τους, ήταν οργανωμένοι (μέσω μετακίνησης και ώσμωσης πληθυσμών) σε μεγάλα βασίλεια πολεμιστών, με ιδιαίτερα αυταρχικό χαρακτήρα και κτηνώδεις θεσμούς όπως η ελέω Θεού βασιλεία, και η τελετουργική δολοφονία των χήρων γυναικών (*σουτί ή φόνος της μητέρας*), οι ανθρωποθυσίες, και τα σαδιστικά τελετουργικά βασανιστήρια των εχθρών, των αιρετικών, των κοινωνικών επαναστατών και των εγκληματιών αντίστοιχα.

Στον αντίποδα αυτών των πατριστικών ομάδων βρίσκονται οι ειρηνικές *μητριστικές* κοινωνίες, στις οποίες η μεταχείριση των παιδιών και οι σεξουαλικές σχέσεις είχαν τελείως διαφορετικό χαρακτήρα, ήταν δηλαδή πολύ τρυφερές και προσανατολισμένες προς την ηδονή. Στους μητριστικούς πολιτισμούς ευδοκιμεί, επίσης, η δημοκρατία, η ισότητα, η σεξουαλικότητα, ενώ η εφηβική βία εμφανίζεται με πολύ χαμηλά ποσοστά. Επιπλέον, στην πολιτιστική ιστορία των μητριστικών ομάδων δεν συναντώνται οι ακραίες εκδηλώσεις του πατρισμού, που περιγράψαμε παραπάνω. Στον Πίνακα 1, που ακολουθεί παρακάτω, συνοψίζονται οι διαφορές μεταξύ πατριστικής και μητριστικής συμπεριφοράς και κοινωνικών θεσμών.

Οι παραπάνω διαπιστώσεις έχουν, κατά το μεγαλύτερο μέρος τους, αγνοηθεί ή ακόμα και λογοκριθεί από την επικρατούσα κοινωνιολογία, ψυχολογία και ψυχιατρική, δεδομένου ότι έρχονται σε πλήρη αντίθεση με ιδιαίτερα αγαπητές πεποιθήσεις του βίαιου και πατριστικού πολιτισμού των λαών μας. Παρόλο που μερικοί ακαδημαϊκοί και μερικοί ερευνητές έχουν διερευνήσει συστηματικά αυτά τα θέματα, η δική μου μελέτη τα προσεγγίζει διεπιστημονικά, συνδυάζοντας γεωγραφικά, διαπολιτισμικά και ιστορικά δεδομένα. Ο πατρισμός, για παράδειγμα, είναι ταυτόσημος με τη *θωρακισμένη χαρακτηροδομή* και κοινωνία, όπως περιγράφονται από τον Βίλχελμ Ράιχ στις διάφορες εργασίες του,[1] και αποτελεί τον πολιτισμικό τύπο που σήμερα, λιγότερο ή περισσότερο, χαρακτηρίζει τη συντριπτική πλειοψηφία των πληθυσμών της Γης. Ο μητρισμός, από την άλλη μεριά, ταυτίζεται με τις περιγραφές του Ράιχ για τον *αθωράκιστο*, ή αλλιώς τον *γενετήσιο χαρακτήρα*,[2] έναν πολιτισμικό τύπο, ο οποίος αν και μειοψηφία σήμερα, ήταν κάποτε ιδιαίτερα διαδεδομένος σε όλον τον κόσμο. Στην παρούσα εργασία, οι όροι *θωρακισμένος πατριστής* και *αθωράκιστος μητριστής* έχουν αντικαταστήσει τους λιγότερο συγκεκριμένους όρους «πατριαρχικός» και «μητριαρχικός», οι οποίοι έχουν χρησιμοποιηθεί ευρέως χωρίς να υπάρχει κάποιος ενιαίος ή σαφής ορισμός τους.[3]

---

1 W. Reich: *Ανάλυση του χαρακτήρα*, (σε 3 τόμους) Εκδόσεις Καστανιώτη, 1980, 1981. *Η λειτουργία του οργασμού*, Εκδόσεις Ρέω, 2016. *Η σεξουαλική επανάσταση*, Εκδόσεις Ράππα, 1972. *Ο Φρόιντ κι Εγώ*, Εκδόσεις Ελεύθερος Τύπος, 2010. *Άνθρωποι σε μπελάδες*, Εκδόσεις Καστανιώτη, 1979. *Η εισβολή της ψυχαναγκαστικής ηθικής*, Εκδόσεις Καστανιώτη, 1989. *Τα παιδιά του μέλλοντος*, Εκδόσεις Αποσπερίτη, 1984. *Genitality in the Theory and Therapy of Neuroses (Η γενετησιότητα στη θεωρία και θεραπεία των νευρώσεων)*, FS&G, 1980.

2 ΣΤΜ: Ο μη νευρωτικός χαρακτήρας, ο οποίος δεν πάσχει από σεξουαλική λίμναση και επομένως είναι ικανός για φυσική αυτορρύθμιση, βασιζόμενος στην οργασμική ικανότητά του.

3 Μετά από την ολοκλήρωση και την έκδοση των ευρημάτων της έρευνάς μου μεταξύ 1980-1986, πληροφορήθηκα ότι η Ριάν Άισλερ εξέδωσε ένα έργο με τίτλο *Η Κύλιξ και το ξίφος*, εκδόσεις «Γλάρος» *(Riane Eisler, The Chalice and the Blade*, Harper & Row, 1987), στο οποίο υποστηρίζει ότι υπήρξαν

Το μητριστικό/πατριστικό πρότυπο χαρακτηροδομής και κοινωνικής οργάνωσης που παρουσιάζεται στον Πίνακα 1, αποδείχθηκε ότι ισχύει καθολικά, εφόσον δοκιμάστηκε και επαληθεύτηκε διεπιστημονικά με πολλές διαφορετικές τεχνικές, που περιγράφονται πληρέστερα και παρατίθενται στα κεφάλαια του βιβλίου *Σαχαρασία*. Από διάφορες πηγές, κυρίως από τις εργασίες του Ράιχ, αναπτύχθηκε μια *ελέγξιμη* κλιματική/γεωγραφική θεωρία, σύμφωνα με την οποία οι περιοχές όπου επικρατούν σκληρές συνθήκες ερήμου συνδέονται με συμπεριφορές και κοινωνικούς θεσμούς που στρέφονται εναντίον των παιδιών, των γυναικών και της σεξουαλικότητας.

Κατόπιν, κατέγραψα στον παγκόσμιο χάρτη τα σημεία όπου αναπτύχθηκαν οι περίπου 1.200 διαφορετικοί μητριστικοί και πατριστικοί πολιτισμοί, τα στοιχεία των οποίων έλαβα από την ανθρωπολογική βάση δεδομένων που αναπτύχθηκε από τον εκλιπόντα Τζορτ Π. Μέρντοκ, στο Πανεπιστήμιο του Πίτσμπουργκ.[1] Από αυτήν την γεωγραφική μου μελέτη, που ήταν η πρώτη χαρτογράφηση των πολιτισμικών δεδομένων του Μέρντοκ για τους ιθαγενείς, αποδεικνύεται ότι *οι πιο ακραίοι, άγριοι πατριστικοί λαοί ζούσαν ή επηρεάστηκαν έντονα από λαούς που προήλθαν από τα πλέον ακραία, άγρια, ερημικά περιβάλλοντα.* Άλλες περιοχές που είχαν ενδιάμεσο ή υγρό κλίμα αλλά γειτνίαζαν με σκληρές ερήμους παρουσιάζουν επίσης έντονα πατριστι-

---

παρόμοιες πολιτισμικές μεταβάσεις στην Ευρώπη και στη Μεσόγειο. Ο *κυριαρχικός* τύπος πολιτισμού της Άισλερ εμφανίζει πολλές ομοιότητες με τον θωρακισμένο πατριστικό πολιτισμό που περιγράφεται εδώ, ενώ ο *συνεργατικός* τύπος πολιτισμού είναι γενικά συμβατός με τον αθωράκιστο μητριστικό πολιτισμό. Αν και η Άισλερ δεν έχει, μέχρι στιγμής, ορίσει σαφώς τους όρους που χρησιμοποιεί όσον αφορά στις πρακτικές τοκετού, στην εφηβική σεξουαλικότητα και στη γενετησιότητα, οι όροι της πλησιάζουν αρκετά ώστε γενικά να μπορεί να θεωρηθεί ότι η σύγκριση ισχύει. Στο μεταγενέστερο βιβλίο της με τίτλο *Sacred Pleasure (Ιερή ηδονή)* (Harper Collins, 1996, pp. 92-94 & pp. 101-102) η Άισλερ ενστερνίζεται μεγάλο μέρος, αλλά όχι ολόκληρο, το έργο μου περί *Σαχαρασίας*, που αφορά στην προέλευση των πατριστικών-κυριαρχικών πολιτισμών.

1 Murdock, G.P.: *Ethnographic Atlas (Άτλαντας εθνογραφίας)*, U. Pittsburgh Press, 1967.

κά χαρακτηριστικά, κάτι που οφείλεται στη μετανάστευση πατριστικών λαών που έφευγαν από τις γειτονικές περιοχές που υπέφεραν από ξηρασία ή ήταν ήδη ερημοποιημένες, αναζητώντας (μεταφορικά και κυριολεκτικά) «τόπους χλοερούς».Από την άλλη μεριά, σε όλα τα μέρη του κόσμου, υπάρχουν άλλες περιοχές με μέτριο ή υγρό κλίμα και σε μεγαλύτερες αποστάσεις από ερήμους με σκληρές συνθήκες καθώς και περιοχές με *ημιάνυδρο* κλίμα, που είχαν χαμηλά επίπεδα πατρισμού και ήταν κυρίως μητριστικές.

Με ορισμένες διορθώσεις που έγιναν με παράμετρο τη διάχυση των πολιτισμών, η κατανομή της ανθρώπινης συμπεριφοράς στον χάρτη υποδηλώνει ότι *ο πατρισμός —δηλαδή ο βίαιος, πολεμοχαρής άνθρωπος, που καταπιέζει τη σεξουαλικότητα και κακοποιεί παιδιά— πρωτοεμφανίζεται αποκλειστικά στις ερήμους που επικρατούν υπεράνυδρες συνθήκες, και μόλις πριν από περίπου 6.000 χρόνια.*

Το παραπάνω συμπέρασμα είναι απολύτως τεκμηριωμένο βάσει αυστηρής επιστημονικής μεθοδολογίας, με την οποία αφενός αναλύονται, χωρικά και χρονικά, σχετικά πρόσφατα ανθρωπολογικά στοιχεία που αναφέρονται σε ιθαγενείς πληθυσμούς, και αφετέρου από άλλη ανεξάρτητη ανάλυση παλαιότερων και αρχαιολογικών στοιχείων. Τα στοιχεία που χρησιμοποιήθηκαν συγκεντρώθηκαν —στη συντριπτική τους πλειοψηφία— από αξιολογημένες μελέτες, δημοσιευμένες σε αναγνωρισμένα ακαδημαϊκά περιοδικά και βιβλία έρευνας, τα οποία βρίσκονται στις, ανά τον κόσμο, βιβλιοθήκες. Το μόνο νέο και διαφορετικό στοιχείο στη δική μου προσέγγιση ήταν —και είναι— η απλή, αν και συχνά δύσκολη και χρονοβόρα, εργασία της γεωγραφικής τοποθέτησης και ανάλυσης της κατανομής ενός μεγάλου όγκου πολιτισμικών στοιχείων στον παγκόσμιο χάρτη, και η αντιπαραβολή τους με το γενικότερο πλαίσιο των μεταβολών του κλίματος και των ιστορικών στοιχείων.

Το βιβλίο *Σαχαρασία* χωρίζεται σε τρία μέρη, καθένα εκ των οποίων αποτελεί ανεξάρτητο σώμα δεδομένων που υποστηρίζουν τα γενικά συμπεράσματα.

Στο πρώτο μέρος του βιβλίου, εστιάζουμε στη συγκινησιακή και σεξουαλική ζωή του ανθρώπινου ζώου, συμπεριλαμβάνοντας την οικογενειακή και τη γενικότερη κοινωνική δομή. Το μητριστικό/πατριστικό πρότυπο χαρακτηροδομής και κοινωνικής οργάνωσης, που παρουσιάζεται στον Πίνακα 1, αποτελεί τη βασική υπόθεση, επί της οποίας δημιουργούνται και ερμηνεύονται οι διάφοροι χάρτες, καθώς επίσης και τα συμπεράσματά μου. Συνεπώς, ελήφθη ιδιαίτερη μέριμνα στο Μέρος Ι ώστε να ελεγχθούν διαπολιτισμικά οι παραπάνω παραδοχές. Αποσαφηνίστηκαν, επίσης, οι συγκεκριμένοι μηχανισμοί με τους οποίους το τοπίο της ερήμου επηρεάζει την ανθρώπινη χαρακτηροδομή από γενεά σε γενεά —μετατρέποντας τους ειρηνικούς αθωράκιστους μητριστικούς λαούς σε θωρακισμένους και βίαιους πατριστικούς— και οι τρόποι με τους οποίους η νεοσχηματισθείσα θωρακισμένη χαρακτηροδομή, με τους αντίστοιχους πατριστικούς κοινωνικούς θεσμούς, μεταφέρθηκε αργότερα πέρα από τα όρια της ερήμου, εμφανίστηκε και επικράτησε σε σημεία πολύ απομακρυσμένα από αυτήν. Εξαιρετικής σημασίας για το συγκεκριμένο στοιχείο ήταν οι παρατηρήσεις που περιλαμβάνονται στις έρευνες περί ασιτίας.

Κατά τη διάρκεια ακραίας ξηρασίας και ερημοποίησης, τα αποθέματα τροφής ελαχιστοποιούνται και εμφανίζονται καταστάσεις ασιτίας. Τα παιδιά υποφέρουν περισσότερο από την ανεπάρκεια πρωτεϊνών και θερμίδων, και παρατηρείται υψηλή θνησιμότητα και νοσηρότητα. Όσα παιδιά επιβιώνουν δεν αναλαμβάνουν ποτέ πλήρως, η σωματική και συγκινησιακή σφριγηλότητα που είχαν προηγουμένως, από ένα σημείο και πέρα, δεν επανέρχεται ακόμα και αν, αργότερα, τρέφονται κανονικά, και έτσι υποφέρουν σε όλη τους τη ζωή από σωματικές και συγκινησιακές διαταραχές. Δεν χρειάζεται μεγάλη φαντασία για να αναλογιστούμε τις σκληρές και άγριες συνέπειες της λιμοκτονίας σε νήπια, παιδιά, οικογένειες και ολόκληρες κοινωνικές ομάδες — άλλωστε οι τηλεοράσεις, πολύ συχνά, φέρνουν τις αντίστοιχες εικόνες στο σαλόνι μας, από την Αιθιοπία, από τη Σομαλία και από άλλες χώρες καθημαγμένες από την ξηρασία και από τον πόλεμο.

Πίνακας 1
Αντιπαραβολή συμπεριφορών και κοινωνικών θεσμών

	Θωρακισμένος πατριστής	Αθωράκιστος μητριστής
Βρέφη και παιδιά	Λιγότερη δοτικότητα Λιγότερη σωματική τρυφερότητα Τραυματισμός των νηπίων Οδυνηρές τελετές μύησης Δεσποτική οικογένεια Οικογένεια και στρατός διαχωρίζουν τα φύλα	Περισσότερη δοτικότητα Περισσότερη σωματική τρυφερότητα Τα νήπια δεν τραυματίζονται Ανώδυνες τελετές μύησης Εκχώρηση αυτοδιάθεσης σε ομάδες παιδιών (δημοκρατία παιδιών) Οικήματα διαμονής παιδιών χωρίς διαχωρισμό φύλων ή οικισμοί παιδιών της ίδιας ηλικίας
Σεξουαλικότητα	Περιοριστική, αγχώδης συμπεριφορά Ταμπού για την παρθενία των γυναικών Ταμπού για την κολπική συνουσία Αποδοκιμάζεται αυστηρά η ερωτική συνεύρεση των εφήβων Τάσεις ομοφυλοφιλίας μαζί με αυστηρά ταμπού Τάσεις αιμομιξίας μαζί με αυστηρά ταμπού Πιθανόν να ανθεί η πορνεία και οι εξωσυζυγικές σχέσεις Υπάρχει παιδοφιλία	Επιτρεπτική, ηδονική συμπεριφορά Απουσία ταμπού για την παρθενία των γυναικών Κανένα ταμπού για την κολπική συνουσία Επιτρέπεται ελεύθερα η ερωτική συνεύρεση των εφήβων Απουσία τάσεων ομοφυλοφιλίας ή αυστηρών ταμπού Απουσία τάσεων αιμομιξίας ή αυστηρών ταμπού Απουσία πορνείας ή εξωσυζυγικών σχέσεων Απουσία παιδοφιλίας

Γυναίκες	Περιορισμός της ελευθερίας Κατώτερη θέση Ταμπού για το κολπικό αίμα (του υμένα, της περιόδου και της γέννας) Δεν επιτρέπεται να επιλέξει τον σύντροφό της Δεν επιτρέπεται να ζητήσει διαζύγιο Οι άντρες ελέγχουν τη γονιμότητα Οι αναπαραγωγικές λειτουργίες κακολογούνται	Περισσότερη ελευθερία Ισότητα Δεν υπάρχουν ταμπού για το κολπικό αίμα Επιλέγουν οι ίδιες τον σύντροφό τους Μπορούν να ζητήσουν διαζύγιο Οι γυναίκες ελέγχουν τη γονιμότητα Οι αναπαραγωγικές λειτουργίες υμνούνται
Πολιτισμός, οικογένεια, κοινωνική δομή	Πατρογραμμική διαδοχή Το συζυγικό σπίτι βρίσκεται στον τόπο του άνδρα Καταναγκαστική μονογαμία εφ' όρου ζωής Συχνά πολυγαμία Αυταρχισμός Ιεραρχική δομή Πολιτικός/οικονομικός συγκεντρωτισμός Στρατιωτικές ειδικότητες ή κάστες Βιαιότητα, σαδισμός	Μητρογραμμική διαδοχή Το συζυγικό σπίτι βρίσκεται στον τόπο της γυναίκας Μη καταναγκαστική μονογαμία Σπάνια πολυγαμία Δημοκρατικότητα Ισότητα Εργασιακή δημοκρατία Ο στρατός δεν είναι μόνιμος Απουσία βιαιότητας, απουσία σαδισμού
Θρησκεία	Προσανατολισμένη προς τον άνδρα/πατέρα Ασκητική, αποφεύγει την ηδονή, αναζητά τον πόνο Αναστολή, φόβος της φύσης Ειδικευμένοι ιερείς πλήρως απασχολούμενοι με τη θρησκεία Άνδρες σαμάνοι/θεραπευτές Αυστηροί κώδικες συμπεριφοράς	Προσανατολισμένη προς τη γυναίκα/μητέρα Η ηδονή είναι καλοδεχούμενη και θεσμοθετημένη Αυθορμητισμός, λατρεία της φύσης Απουσία επαγγελματιών ιερέων Άνδρες ή γυναίκες σαμάνοι/θεραπευτές Απουσία αυστηρού κώδικα συμπεριφοράς

Δυστυχώς, η συγκινησιακή ανταπόκριση ενός παιδιού στην ασιτία και στη λιμοκτονία είναι ανάλογη με εκείνη που του συμβαίνει αν το απορρίψει η μητέρα του ή αν ανατραφεί σε απομόνωση, και είναι γνωστό ότι έχει εντονότατη επίδραση στην μελλοντική συμπεριφορά του ως ενήλικα.

Ο οργανισμός των παιδιών, υπό συνθήκες ξηρασίας και ασιτίας αντιδρά συγκινησιακά με συστολή, η οποία θα παραμείνει —λιγότερο ή περισσότερο— ανάλογα με τη διάρκεια και ένταση της αποστέρησης. Τα άτομα που υπέφεραν από περιόδους ασιτίας κατά τη διάρκεια της παιδικής τους ηλικίας, ως ενήλικες, θα αναθρέψουν τα δικά τους παιδιά διαφορετικά από τις προηγούμενες γενεές, ακόμα και σε περιόδους που υπάρχει αφθονία τροφής. Υπάρχουν και άλλου είδους τραύματα που έχουν να κάνουν με τις περιόδους ξηρασίας, όπως είναι η κρανιακή παραμόρφωση των νηπίων και το φάσκιωμα, τα οποία διερευνώνται και αυτά στο πρώτο μέρος ως τυχαίες συνέπειες της μετάβασης από τη μόνιμη εγκατάσταση στη νομαδική ζωή. Και αυτά τα τραύματα διαταράσσουν τον δεσμό μητέρα-παιδιού σε όλη την πληθυσμιακή ομάδα και εξαπλώνονται σε ολόκληρες περιοχές, μεταβάλλοντας ριζικά τη συμπεριφορά των ανθρώπων. Τόσο το τραύμα της πείνας όσο και το τραύμα της κρανιακής παραμόρφωσης/φασκιώματος προκάλεσαν ριζική συρρίκνωση και μόνιμη συστολή στη συγκινησιακή δομή και στο κεντρικό νευρικό σύστημα των μελών των λαών που τα υπέστησαν.

Οι συνέπειες του εκ της ασιτίας ή της λιμοκτονίας τραύματος στον ψυχισμό και στη φυσιολογία του ανθρώπου, παραμένουν —όπως θα αποδείξουμε— σε έναν πολιτισμό, ανεξάρτητα από το κλίμα που θα επικρατήσει μεταγενέστερα, ανεξάρτητα από την ποσότητα της διαθέσιμης τροφής και ανεξάρτητα από τους τρόπους μετεγκατάστασης. Η παρουσία του πολιτισμικού σοκ διαιωνίζεται με τη βοήθεια της *αλλαγής της συμπεριφοράς και των κοινωνικών θεσμών*, που προσαρμόζονται στις νέες συνθήκες ξηρασίας-ασιτίας-λιμοκτονίας. Σε περιοχές που ενσκήπτει επανειλημμένα ξηρασία, επιβαρύνονται τεράστιες επιφάνειες, και προκαλείται σημαντική μείωση στη βλάστηση, στη γεωργική παραγωγή και στον πληθυσμό των άγριων και των οικόσιτων ζώων, με αποτέλεσμα η ασιτία και η λιμοκτονία που επακολουθούν να παραμένουν επί χρόνια ή ακόμα και να πλήττουν περιστασιακά γενεές ολόκληρες. Υπό τέτοιου είδους συνθήκες, πολλοί άνθρωποι πεθαίνουν, οι οικογενειακοί δεσμοί διαλύονται και οι άνθρωποι υποχρεώνονται να μεταναστεύσουν μαζικά. Με τόσο θάνατο και τόσες μετακινήσεις, η οικογενειακή ζωή, είτε σταδιακά, είτε απότομα, εκτρέπεται από τα συναισθηματικά πλούσια και προσανατολισμένα προς την ηδονή πρότυπα που επικρατούσαν προηγουμένως. Εμφανίζονται νέα, προσαρμοσμένα στην επιβίωση πρότυπα, με ελάχιστη ή καμία έμφαση στους ηδονικούς συγκινησιακούς δεσμούς ή στην ηδονική κοινωνική ζωή. Οι κοινωνικές συνθήκες διαταράσσονται και χάνουν το συγκινησιακό τους βάθος, συμμορφούμενες και αυτές με το περιβάλλον τοπίο, που μαραζώνει και πεθαίνει.

Μόλις οι νέοι τρόποι συμπεριφοράς που πηγάζουν από την ξηρασία και την ασιτία αγκυρωθούν στις κοινωνικές συνθήκες, αναπαράγονται από κάθε επόμενη γενιά, ανεξάρτητα αν το κλίμα μεταβληθεί εκ νέου και αυτή τη φορά προς πιο υγρές συνθήκες. Ο πόλεμος, ο οποίος συχνά εμφανίζεται ως δευτερογενής συνέπεια της ξηρασίας και της ασιτίας-λιμοκτονίας, επαυξάνει την καταστροφή της οικογενειακής και της κοινωνικής ζωής, και διευρύνει τη διαταραχή των σχέσεων μητέρας-παιδιού και άνδρα-γυναίκας. Και ακριβώς όπως ένας μεγάλος πόλεμος, ή μια ορδή εισβολέων που υποτάσσει και πλιατσικολογεί τις κατακτημένες περιοχές, η μεγάλη ξηρασία και η ερημοποίηση (η επέκταση της ερήμου) αυξάνει την ασιτία, τη λιμοκτονία και τον πρόωρο θάνατο αγαπημένων προσώπων — στις δε χειρότερες περιπτώσεις η πλειοψηφία των ατόμων της φυλής, του χωριού ή της κοινωνικής μονάδας θα λιμοκτονήσει, και θα απομείνει ένας ελάχιστος αριθμός ψυχικά συντετριμμένων επιζώντων. Σε συνδυασμό με άλλα τραύματα που σχετίζονται με την αναγκαστική μετακίνηση, τέτοιου είδους περιβαλλοντικές δυνάμεις είναι παραπάνω από αρκετές για να πυροδοτήσουν τις διεργασίες θωράκισης σε λαούς που προηγουμένως ήταν αθωράκιστοι. Υπό αυτή την έννοια οι κλιματικές αλλαγές προς την ξηρασία και την ερημοποίηση που συνέβησαν τα τελευταία 6.000 χρόνια αποκτούν ιδιάζουσα και καθοριστική κοινωνική και ιστορική σημασία.

Στο δεύτερο μέρος του βιβλίου «Σαχαρασία» παρουσιάζεται μια σειρά από παγκόσμιους χάρτες, στους οποίους έχουν αποτυπωθεί τα σύγχρονα περιβαλλοντικά και ανθρωπολογικά δεδομένα. Αποτελούν τμήμα των νέων, μεγάλης σημασίας στοιχείων που υποστηρίζουν τα συμπεράσματά μου, αποδεικνύοντας ότι *η περιοχή στην οποία ο πατριστικός χαρακτήρας κυριαρχεί σχεδόν αποκλειστικά είναι η ερημοποιημένη ζώνη του Παλαιού Κόσμου που εκτείνεται από τη Βόρεια Αφρική, διέρχεται από την Εγγύς Ανατολή και φτάνει ως την Κεντρική Ασία.* Παγκόσμιοι χάρτες προερχόμενοι από διάφορες άλλες πηγές αναγνωρίζουν την έκταση της άνυδρης αυτής περιοχής και τη θεωρούν *από τα πιο σκληρά περιβάλλοντα του πλανήτη, με ελάχιστες ποσότητες βροχόπτωσης και βλάστησης, και τις πιο ακραίες θερμοκρασιακές διακυμάνσεις.* Στην περιοχή αυτή, την οποία ονομάζω Σαχαρασία, διαπιστώνεται ένας εντυπωσιακός συσχετισμός μεταξύ κλιματικών, βιολογικών και πολιτισμικών χαρακτηριστικών.

Από τους Χάρτες 1 και 2 αποδεικνύεται ο βαθύς συσχετισμός μεταξύ *σχετικά πρόσφατων* ανθρωπολογικών στοιχείων και κλιματικών δεδομένων. Οι χάρτες αυτοί, μαζί με αρκετές δεκάδες άλλους παρόμοιους, παρουσιάζονται εκτενέστερα στα Κεφάλαια 3, 4, 5, 6 και 7, του βιβλίου Σαχαρασία, συνοδευόμενοι από πλήρη ανάλυση των μεθόδων με τις οποίες δημιουργήθηκαν και της σημασίας τους.

Στο τρίτο μέρος του βιβλίου «Σαχαρασία» παρουσιάζεται μια συστηματική επισκόπηση των παλαιοκλιματικών, αρχαιολογικών και ιστορικών πηγών, από την οποία επιβεβαιώνεται ότι ο πατρισμός έχει βαθύτατες ρίζες στη Σαχαρασία. Όπως αποδεικνύεται από την έρευνά μου, *υπήρξε παράλληλη μεταβολή στο περιβάλλον και στον πολιτισμό της Σαχαρασίας, από υγρότοπος σε ακραία έρημο, και από μητριστική σε πατριστική κοινωνία, γύρω στα 4000-3500 ΠΤΕ.* Η ανθρώπινη θωράκιση και οι πατριστικοί κοινωνικοί θεσμοί δεν είχαν σημαντική παρουσία στη

31

Χάρτης 1. Παγκόσμιος χάρτης συμπεριφοράς.

Για την περίοδο μεταξύ του 1840 και του 1960 περίπου, όπως συγκροτήθηκε από πολιτισμικά δεδομένα ιθαγενών λαών προερχόμενα από το βιβλίο *Εθνογραφικός Άτλαντας*, του Μέρντοκ (1967), σε συνδυασμό με κάποια ιστορικά στοιχεία.

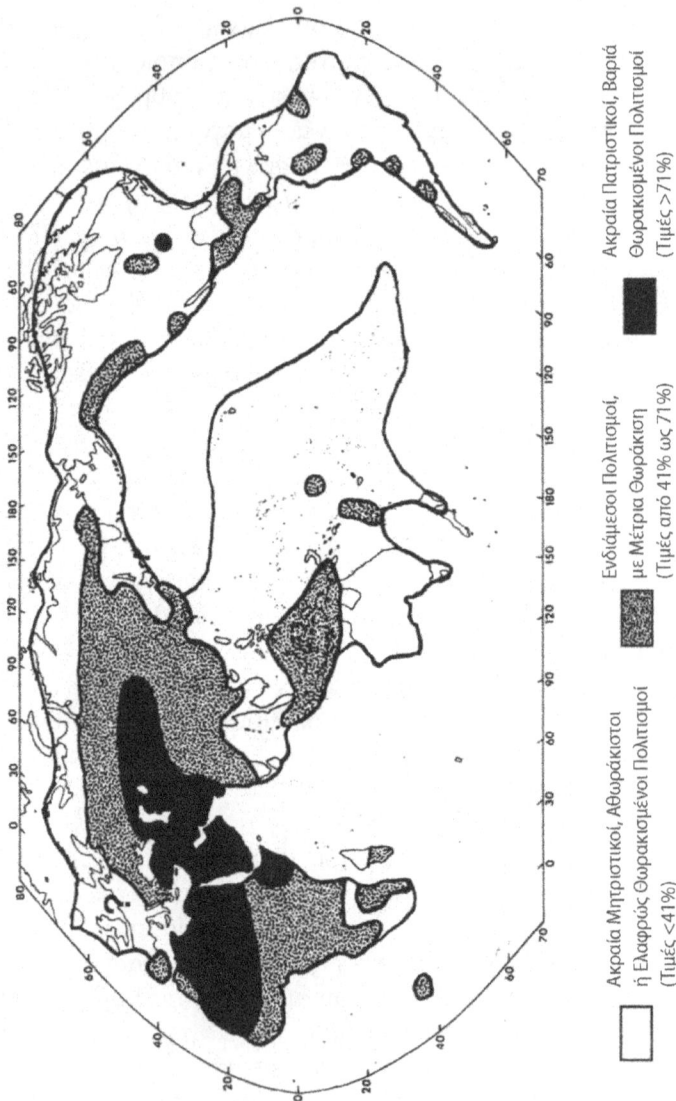

Ακραία Μητριαρχικοί, Αθωράκιστοι
ή Ελαφρώς Θωρακισμένοι Πολιτισμοί
(Τιμές <41%)

Ενδιάμεσοι Πολιτισμοί,
με Μέτρια Θωράκιση
(Τιμές από 41% ως 71%)

Ακραία Πατριαρχικοί, Βαριά
Θωρακισμένοι Πολιτισμοί
(Τιμές >71%)

Χάρτης 2: Δείκτης Ξηρασίας Budyko-Lettau:

Πρόκειται για την αντιπαραβολή της σχετικής ξηρασίας διαφόρων άνυδρων περιοχών ανά τον κόσμο. Οι τιμές εκφράζουν την αναλογία μεταξύ κατακρήμνισης και ενέργειας εξάτμισης. Οι περιοχές με τιμή 2 δέχονται διπλάσια ηλιακή θερμότητα εξάτμισης σε σύγκριση με την εκ κατακρημνίσεως υγρασία, ενώ οι περιοχές με τιμή 10 δέχονται δεκαπλάσια.

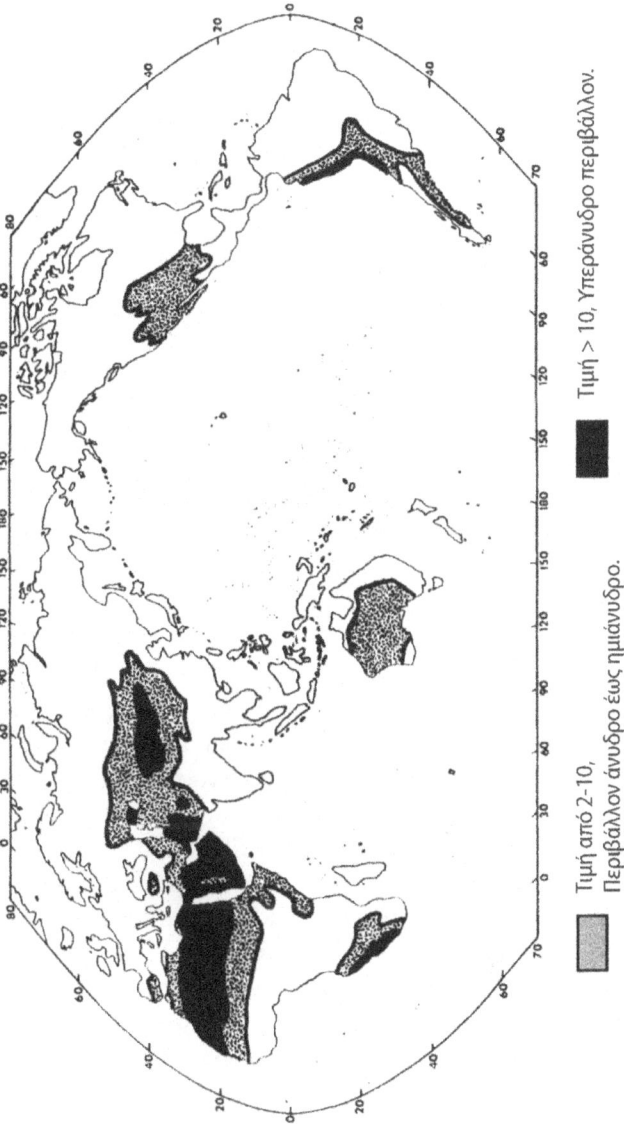

Τιμή > 10, Υπεράνυδρο περιβάλλον.

Τιμή από 2-10, Περιβάλλον άνυδρο έως ημιάνυδρο.

Σαχαρασία, ούτε σε κάποια άλλη περιοχή του πλανήτη Γη, πριν από αυτήν την εποχή — αν και υπάρχουν ορισμένες, ηπίας μορφής, εξαιρέσεις που χρονολογούνται περίπου στο 5000 ΠΤΕ και αντιστοιχούν σε προσωρινά επεισόδια περιφερειακών ξηρασιών, επιβεβαιώνοντας έτσι τον γενικότερο «κανόνα» της Σαχαρασίας. Οι εξαιρέσεις αναλύονται και αυτές στο τρίτο μέρος του βιβλίου Σαχαρασία.

Πέρα από αυτές, ο πατρισμός πρωτοεμφανίζεται σαφώς και μονιμοποιείται στη Γη, στην περιοχή της Σαχαρασίας, μετά το 4000-3000 ΠΤΕ, ταυτόχρονα με τη μετατροπή μεγάλων εκτάσεων της Αφρικής και της Ασίας από σχετικά υγρές περιοχές, σε περιοχές με συνθήκες ακραίας ξηρασίας. Στη συνέχεια, ο πατρισμός μεταφέρεται στις παρακείμενες περιοχές μέσω των μαζικών μεταναστεύσεων, και σε μεταγενέστερους αιώνες, σε ορισμένες άλλες περιοχές, πολύ απομακρυσμένες από τη Σαχαρασία. Σύμφωνα με την επισκόπησή μου, *από τις αρχαιολογικές και ιστορικές ενδείξεις δεν υπάρχει κανένα σαφές, αναμφισβήτητο ίχνος πατρισμού, οπουδήποτε στη Γη, πριν από το 5000 ΠΤΕ, και κανένα σημαντικό, με χαρακτήρα μονιμότητας, ίχνος του πριν από το 4000 ΠΤΕ περίπου.* Από τα αρχαιότερα, βαθύτερα στρώματα αρχαιοτήτων που αποκαλύπτει η αρχαιολογική σκαπάνη, μόνο ειρηνικά, αθωράκιστα μητριστικά χαρακτηριστικά αναδύονται.

Οι κλιματολόγοι, για παράδειγμα, έχουν αποδείξει ότι η Σαχαρασία πριν από 6.000 χρόνια περίπου ήταν πιο υγρή και πράσινη. Στον αραβικό πυρήνα και στον πυρήνα της Κεντρικής Ασίας που ανήκουν στην Σαχαρασία, η ξηρασία άρχισε να εμφανίζεται γύρω στο 5000-4000 ΠΤΕ. Στα υπόλοιπα τμήματα της Σαχαρασίας η ξηρασία εμφανίστηκε αμέσως μετά, με διακυμάνσεις στην ένταση. Μεγάλες εκτάσεις ερημοποιήθηκαν και εγκαταλείφθηκαν λόγω της ξηρασίας. Οι άνθρωποι υπέφεραν από ασιτία, λιμοκτονούσαν, και αναγκάστηκαν να μεταναστεύουν. Μέσα από αυτό το κοινωνικό χάος, αναδύθηκε ο θωρακισμένος πατρισμός και παρήκμασε ο αθωράκιστος μητρισμός.

Σχετικά με τις, παρακείμενες στη Σαχαρασία, υγρές περιοχές, από τα κοινωνικά δεδομένα της Ευρώπης, της Υποσαχάριας Αφρικής, της Ινδίας και της Ανατολικής Κίνας αποδεικνύεται ότι υπάρχουν πολύ σημαντικές ομοιότητες ως προς την εμφάνιση των συνθηκών πατρισμού —σε όλες τις περιπτώσεις, οι περιοχές αυτές (που είναι υγρές) έχασαν τον αρχικό μητριστικό χαρακτήρα τους, εξαιτίας της μετανάστευσης και της εισβολής πατριστικών λαών, που εγκατέλειπαν τις ξηρές περιοχές της Σαχαρασίας.

Το ίδιο συνέβη και κατά την ανατροπή του προηγουμένως μητριστικού χαρακτήρα των λαών που ζούσαν σε ασφαλείς υγρές περιοχές στο εσωτερικό της ίδιας της Σαχαρασίας, δηλαδή κοντά στους ποταμούς Νείλο, Τίγρη-Ευφράτη και Νίγηρα.

Ενδιαφέρον επίσης, παρουσιάζουν οι κλιματολογικές μελέτες άνυδρων εδαφών, από τις οποίες αποδεικνύεται ότι οι έρημοι της Σαχαρασίας είναι σημαντικά ξηρότερες, πιο εκτεταμένες, και με μεγαλύτερη ανεπάρκεια πόρων, από οποιαδήποτε άλλη έρημο. Και από τις δικές μου συγκριτικές επιτόπιες παρατηρήσεις στη Βόρεια και στην Υποσαχάρια Αφρική, αλλά και στο Ισραήλ, στη Ναμίμπια και στις άνυδρες μεγάλες λεκάνες της Βορείου Αμερικής, επιβεβαιώνεται επανειλημμένως η σημαντική αυτή διαφορά. Οι μεγάλης διάρκειας ξηρασίες στις αχανείς περιοχές της Σαχαρασίας προκάλεσαν μεγαλύτερης έκτασης ασιτία και λιμό, απ' όσο ανάλογης διάρκειας ξηρασίες σε άλλες άνυδρες ή ημιάνυδρες περιοχές. Από το γεγονός αυτό εξηγείται γιατί στις άλλες ερήμους δεν δημιουργήθηκε μόνιμη θωράκιση στους κατοίκους τους και δεν υιοθετήθηκε ο πατρισμός. Εξηγείται επίσης γιατί στις υγρές, παρακείμενες στη Σαχαρασία, περιοχές εμφανίστηκε μεσαίου βαθμού πατρισμός, ενώ σε άλλες υγρές *και* ξηρές περιοχές μακριά από τη Σαχαρασία διατηρήθηκε κατά μεγάλο μέρος ο προϋπάρχων μητριστικός χαρακτήρας τους. Οι περισσότερες μικρές περιφερειακές διαφορές που διαπιστώνονται, εξηγούνται με βάση τους γενικότερους τρόπους και κατευθύνσεις μετανάστευσης μακριά από τη Σαχαρασία, που ξεκίνησαν περίπου το 4000 ΠΤΕ και συνεχίστηκαν επί χιλιετίες. Το μεταναστευτικό φαινόμενο από τη Σαχαρασία διατηρήθηκε αναλλοίωτο μέχρι την εποχή που ναυπηγήθηκαν κατάλληλα πλοία και προόδευσε η ναυσιπλοΐα, γεγονός που επέτρεψε στον πατρισμό να διασχίσει τον Ειρηνικό και τον Ατλαντικό ωκεανό, και να φθάσει στον Νέο Κόσμο πριν την έλευση του Κολόμβου μεν, αλλά και πολύ αργότερα από τις μεταναστεύσεις που έγιναν κατά τη διάρκεια ή λίγο μετά την εποχή των παγετώνων, μέσω του Βερίγγειου Πορθμού. Η Ευρωπαϊκή Αποικιακή περίοδος δεν ήταν παρά η τελευταία από μια σειρά σχεδόν παγκόσμιων μετακινήσεων, με τις οποίες οι πολιτισμοί της Σαχαρασίας και των παρακείμενων περιοχών εξαπλώθηκαν σε ολόκληρο τον κόσμο. Στους Χάρτες 3 και 4 παρουσιάζεται μια σύνοψη των παγκόσμιων μεταναστευτικών ροών, όπως περιγράφονται λεπτομερώς στο τρίτο μέρος του βιβλίου *Σαχαρασία*.

Θα αποδείξουμε ότι από τον συνδυασμό των στοιχείων που παρουσιάζονται στο βιβλίο προκύπτει μια σειρά αναπόφευκτων —αν και αμφιλεγόμενων— συμπερασμάτων: *Η ανθρώπινη θωράκιση, με τους βίαιους, αντικοινωνικούς και πατριστικούς πολιτισμικούς θεσμούς, πρωτοεμφανίστηκε και εδραιώθηκε στον πλανήτη Γη πρώτη φορά γύρω στο 4000-3000 ΠΤΕ, στη Σαχαρασία, εξαιτίας των συνθηκών έντονης ξηρασίας που επικράτησαν εκεί.*

Ο θωρακισμένος πατρισμός εμφανίστηκε και σταδιακά εντάθηκε, στους λαούς που ζούσαν στη Σαχαρασία, οι οποίοι αργότερα είτε μετανάστευσαν από το κέντρο της Σαχαρασίας, είτε εισέβαλλαν σε άλλες παρακείμενες περιοχές, είτε μετανάστευσαν σε μέρη που βρίσκονταν σε μεγάλη απόσταση από τον τόπο προέλευσής τους. Από τα ιστορικά και αρχαιολογικά ευρήματα και από τις σχετικά σύγχρονες ανθρωπολογικές και κλιματολογικές μελέτες, φαίνεται ή ακόμα και αποδεικνύεται —στο μέτρο που είναι δυνατόν να αποδειχθεί κάτι σχετικό με την αρχαιότητα— ότι τα έμφυτα ή πρωτογενή χαρακτηριστικά του πυρήνα της ανθρώπινης συμπεριφοράς και κοινωνικής ζωής είναι κατά βάση αθωράκιστα και μητριστικά. Οι χάρτες και τα στοιχεία από τα οποία προκύπτουν αυτά τα συμπεράσματα, παρουσιάζονται κάπως μονότονα αλλά με την αναγκαία λεπτομέρεια στα μετέπειτα κεφάλαια, και προέρχονται κυρίως από ακαδημαϊκές μελέτες των τελευταίων αιώνων, στις οποίες αποτυπώνονται οι επιτόπιες παρατηρήσεις εκατοντάδων ανθρωπολόγων, αρχαιολόγων, γεωγράφων και ιστορικών.

Χάρτης 3: Γενικευμένοι
οδοί εξάπλωσης
του θωρακισμένου
ανθρώπινου πολιτισμού
(Σύνδρομο πολιτισμικού
πατρισμού) στον Παλαιό
Κόσμο, για την περίοδο
που αρχίζει περίπου
το 4000 ΠΤΕ.

1. Πυρήνας Αραβίας

2. Πυρήνας Κεντρικής Ασίας

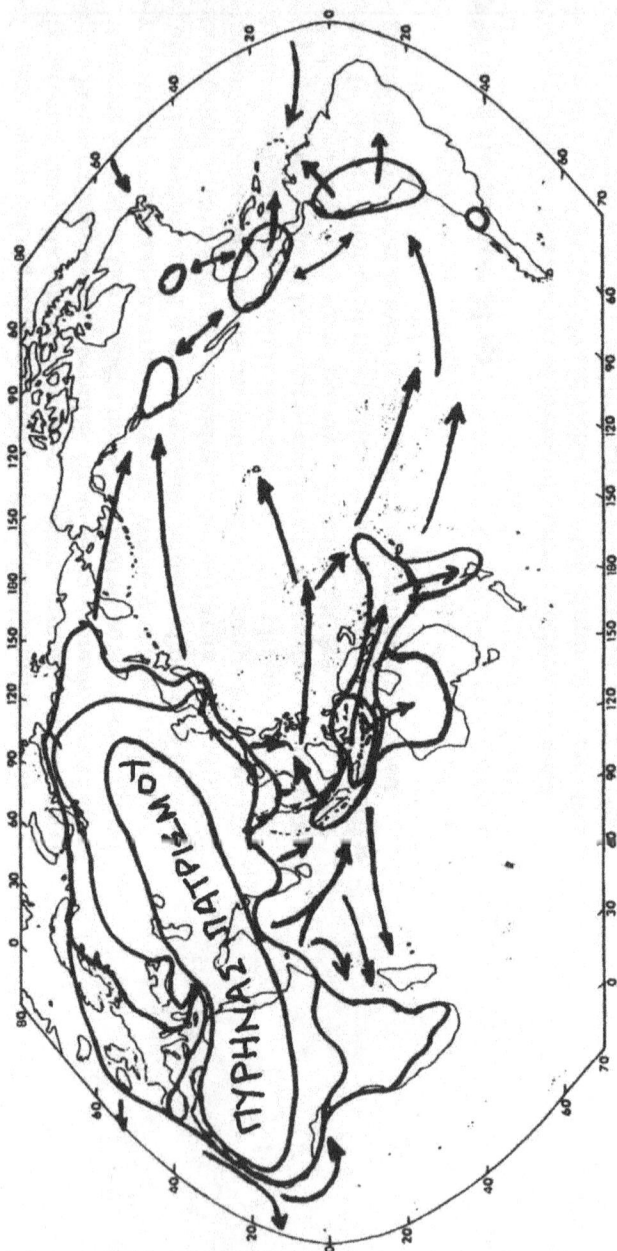

Χάρτης 4: Προτεινόμενοι οδοί εξάπλωσης του πατρισμού ανά τον κόσμο. Πριν από τον Κολόμβο και τις ευρωπαϊκές μεταναστεύσεις.

ΓΙΑΤΙ ΚΑΝΕΙΣ, ΣΤΟ ΠΑΡΕΛΘΟΝ, ΔΕΝ ΑΝΑΓΝΩΡΙΣΕ ΤΗ ΣΥΣΧΕΤΙΣΗ ΜΕ ΤΗ ΣΑΧΑΡΑΣΙΑ;

Αν τα παραπάνω επιχειρήματα είναι σωστά, τίθεται το ερώτημα γιατί οι ιστορικοί, οι ανθρωπολόγοι και οι γεωγράφοι δεν παρατήρησαν αυτήν την ιδιαίτερης σημασίας και προφανή *εμπλοκή της Σαχαρασίας* καθώς μελετούσαν τα στοιχεία τους; Είναι βέβαια γεγονός ότι αρκετοί ακαδημαϊκοί από διάφορες επιστήμες έχουν μελετήσει *επιμέρους θέματα ή συνιστώσες* που εμπλέκονται με τη συνολική ανακάλυψη περί Σαχαρασίας. Είναι άλλωστε δεδομένο ότι, χωρίς αυτές τις πρωτοποριακές εργασίες, οι συσχετίσεις που διαπιστώνονται εδώ δεν θα ήταν δυνατόν να παρατηρηθούν. Ωστόσο, για διάφορους λόγους το πλήρες παγκόσμιο πρότυπο —των ευρισκόμενων στην έρημο της Σαχαρασίας ιστορικών ριζών του θωρακισμένου πατρισμού— δεν έχει αναγνωριστεί μέχρι στιγμής και αποτελεί εντελώς νέο εύρημα. Μεγάλο εμπόδιο στάθηκε η ίδια η επιστημονική εξειδίκευση, η οποία παρεμπόδισε μια τέτοιου είδους σύνθεση, εφόσον ωθούσε τους ακαδημαϊκούς να εστιάζουν ως επί το πλείστον στη δική τους ειδικότητα, περιοχή ή πολιτισμό, και να δίνουν μικρότερη έμφαση στις διεπιστημονικές συγκρίσεις. Ωστόσο, ο homo sapiens είναι ταυτόχρονα βιολογικό, ψυχολογικό και κοινωνικό πλάσμα, το οποίο ζει σε συγκεκριμένο περιβάλλον και σε συγκεκριμένη πολιτισμική δυναμική, εργάζεται, τρέφεται, αναπαράγεται, αγαπά, αλληλεπιδρά και μεταναστεύει σε μεγάλες αποστάσεις. Επομένως μόνο με μια ευρύτερη προσέγγιση μπορούν να συμπεριληφθούν όλες οι συνιστώσες μιας τέτοιας αλληλεπίδρασης.

Η εργασία που παρουσιάζεται στο βιβλίο *Σαχαρασία*, απ' όσο γνωρίζω, αποτελεί επίσης την πρώτη προσπάθεια να χαρτογραφηθούν γεωγραφικά οι πολύ μεγάλες ανθρωπολογικές βάσεις δεδομένων που αναπτύχθηκαν κατά τις πρόσφατες δεκαετίες. Ο ΤΖ.Π. Μέρντοκ, του Πανεπιστημίου του Πίτσμπουργκ, χρειάστηκε όπως προανέφερα, δεκαετίες ολόκληρες για να συγκροτήσει μια τεράστια βάση δεδομένων, με πολλές διαφορετικές μεταβλητές, για περίπου 1200 ιθαγενείς πολιτισμούς που βρίσκονται σε σημείο οριακής επιβίωσης, σε διάφορα σημεία του

Η ΘΕΩΡΙΑ ΤΗΣ ΠΡΟ-ΚΟΛΟΜΒΙΑΝΗΣ ΕΠΑΦΗΣ

Σύμφωνα με τα πλέον αξιόπιστα στοιχεία που διαθέτουμε, κατά τη δι-άρκεια της τελευταίας εποχής Παγετώνων, η στάθμη της θάλασσας χα-μήλωσε δραματικά, καθώς τεράστιες ποσότητες νερού δεσμεύτηκαν στις απέραντες εκτάσεις πάγου που κάλυψαν τα γεωγραφικά πλάτη της Βόρει-ας Αμερικής, της Ευρώπης, της Ασίας και της Ανταρκτικής, τα οποία βρί-σκονται κοντά στους πόλους. Με τη μείωση της στάθμης της θάλασσας ορισμένες περιοχές της όπου τα νερά ήταν ρηχά μετατράπηκαν σε ξηρά, επιτρέποντας τη μετανάστευση ανθρώπων και ζώων μέσω των χερσαί-ων διόδων που σχηματίστηκαν. Μια τέτοια φυσική χερσαία δίοδος σχη-ματίστηκε μεταξύ του απώτατου βορειοανατολικού άκρου της Ασίας και της δυτικής Αλάσκας, ενώνοντας τις δύο ακτές του σημερινού Βερίγγειου πορθμού. Κατά τη διάρκεια αυτής της περιόδου παγετώνων, μεταξύ του 25.000-8.000 ΠΤΕ περίπου, έλαβαν χώρα οι πρώτες μεταναστεύσεις με-ταξύ Παλαιού και Νέου Κόσμου. Θεωρείται ότι ο άνθρωπος πάτησε στη Βόρεια και στη Νότια Αμερική, μεταναστεύοντας σε μεγάλη απόσταση, διασχίζοντας τη «Βερίγγεια χώρα» ως την Αλάσκα και από εκεί προς τον Νότο.

Όταν η εποχή των Παγετώνων τελείωσε περίπου το 8.000 ΠΤΕ, η στάθμη της θάλασσας ανέβηκε, η Βερίγγεια χώρα πλημμύρισε, και δημι-ουργήθηκε ο σημερινός Βερίγγειος Πορθμός. Τότε, σύμφωνα με τη δημο-φιλή άποψη που επικρατεί σήμερα, οι μεταναστεύσεις διεκόπησαν, και δεν υπήρξε καμία περαιτέρω επαφή μεταξύ Παλαιού και Νέου Κόσμου μέχρι πολύ αργότερα, δηλαδή μέχρι την άφιξη του Χριστόφορου Κολόμβου το 1492. Ωστόσο, από τα αρχαιολογικά και πολιτιστικά στοιχεία που διαθέ-τουμε είναι εξαιρετικά βάσιμο να υποθέσουμε ότι πρέπει να υπήρξαν, είτε περιστασιακά, είτε πυκνότερα, προ-κολομβιανές επαφές μεταξύ Παλιού και Νέου Κόσμου, σε όλη τη διάρκεια αυτής της μακραίωνης περιόδου, γεγονός που συμπεραίνεται με βάση τη μεταφορά τεχνουργημάτων όπως πετρόγλυπτα αντικείμενα, την αρχιτεκτονική, τις σοδειές, τις γλωσσικές ομοιότητες και άλλα στοιχεία. Από την παρούσα μελέτη περί Σαχαρασίας προέκυψαν, απροσδόκητα, πολλά στοιχεία που ενισχύουν τη θεωρία περί προ-Κολομβιανής επαφής, τα οποία αναφέρονται λεπτομερώς στο τρίτο μέρος του βιβλίου *Σαχαρασία*.

EPISKOPHSI

πλανήτη. Το έργο του *Ethnographic Atlas*[1] έγινε διαθέσιμο στους άλλους ακαδημαϊκούς μόλις πριν από 20 χρόνια. Οι φοιτητές του Μέρντοκ, μόλις μετά το 1970 ανέπτυξαν μια παραλλαγή των δεδομένων της έρευνάς του, κάνοντας εφικτή την εισαγωγή τους σε υπολογιστή, με την οποία δημιουργήθηκαν οι περισσότεροι από τους δικούς μου χάρτες. Ο υπολογιστής που χρησιμοποιήθηκε για την εισαγωγή των στοιχείων της τεράστιας βάσης δεδομένων και για την εκτύπωση των χαρτών, είναι επίσης πρόσφατη εφεύρεση.[2] Μου έδωσε τη δυνατότητα να συντάσσω χάρτες σε μερικά λεπτά της ώρας, για τους οποίους προηγουμένως θα χρειαζόμουν μήνες. (Ωστόσο, χρειάστηκε περίπου ένας χρόνος για να τελειοποιηθεί το λογισμικό που εκτυπώνει τους χάρτες σε ένα λεπτό!) Επιπλέον, υπήρξαν πολλές νέες και σημαντικές αρχαιολογικές και παλαιοκλιματικές επιτόπιες έρευνες που έγιναν διαθέσιμες μόλις τα τελευταία χρόνια, προσφέροντας νέα, μεγάλης σημασίας στοιχεία για τις κλιματολογικές και πολιτισμικές αλλαγές, που συνέβησαν στην περιοχή της Σαχαρασίας.

Ένα άλλο εμπόδιο στην ανακάλυψη των συσχετισμών με την Σαχαρασία ήταν ορισμένες μεθοδολογικές δυσκολίες, οφειλόμενες στην υπερεξειδίκευση των επιστημών. Για παράδειγμα, οι ακαδημαϊκοί που έχουν τις απαραίτητες ικανότητες για τη σχεδίαση παγκόσμιων πολιτισμικών χαρτών, αποκλείουν σχεδόν συστηματικά, τη μελέτη της οικογένειας και της σεξουαλικής ζωής των λαών. Οι σεξολόγοι και οι ιστορικοί της σεξουαλικότητας γνωρίζουν μεν σε βάθος το υλικό που σχετίζεται με την οικογένεια και τη σεξουαλική ζωή του homo sapiens, αλλά σπάνια εξετάζουν τα στοιχεία τους διεπιστημονικά— και αν το κάνουν, δεν εμπλέκονται και πολύ με τη γεωγραφία, ούτε αποτυπώνουν σε χάρτες τα δεδομένα τους. Έμαθα επίσης ότι οι ψυχολόγοι και οι κοινωνιολόγοι, χρησιμοποιούν ατεκμηρίωτα ανθρωπολογικά δεδομένα κυρίως, και σπάνια τα εξετάζουν με το φυσικό περιβάλλον ή με το κλίμα ως παράμετρο, θεωρώντας ότι δεν

1 Murdock, 1967. όπ.π.
2 ΣΤΜ: Ο συγγραφέας αναφέρεται στον επιτραπέζιο οικιακό υπολογιστή που είχε κυκλοφορήσει τότε στην αγορά.

41

παίζει ουσιαστικό ρόλο στη συμπεριφορά (παρόλο που αναγνωρίζουν ότι το «περιβάλλον» του παιδιού αποτελεί αναπτυξιακό παράγοντα).

Αν δηλαδή κάποιος ανατρέξει στα επιστημονικά περιοδικά και εγχειρίδια που αναφέρονται στην ανθρώπινη συμπεριφορά δεν θα βρει ούτε έναν χάρτη, λες και η ιστορία, η γεωγραφία και το φυσικό περιβάλλον δεν έχουν καμία σχέση με τη σύγχρονη συμπεριφορά! Από την άλλη μεριά, οι ειδικοί της ανθρώπινης και πολιτιστικής οικολογίας, που τονίζουν τη σημασία του φυσικού περιβάλλοντος, γενικά αγνοούν τους παράγοντες που σχετίζονται με την οικογένεια και τη σεξουαλική ζωή του homo sapiens, λες και οι άνθρωποι δεν κάνουν τίποτα άλλο παρά μόνο τρώνε, ντύνονται, χτίζουν σπίτια, μεταναστεύουν και ανταγωνίζονται ο ένας τον άλλον. Εξ όσων γνωρίζω, η συνδυασμένη γεωγραφική και διαπολιτισμική προσέγγιση που χρησιμοποιούμε εδώ, με έμφαση στα παιδιά, στη σεξουαλικότητα και στην αντικοινωνική βία, δεν έχει προηγούμενο.

Πρέπει επίσης να αναφέρουμε ότι υπάρχουν μερικές, πολύ εξειδικευμένες, επιστημονικές προσεγγίσεις του ζητήματος της γένεσης της οικογενειακής ζωής, της σεξουαλικής συμπεριφοράς και της βίας (π.χ. η *κοινωνιοβιολογία*), οι οποίες καταλήγουν πρόωρα στο συμπέρασμα ότι ο πατρισμός καθορίζεται γενετικά. Προσπαθούν δηλαδή να αποδώσουν την προέλευση του σεξισμού, της ανθρώπινης ψυχοπαθολογίας και της καταστροφικής επιθετικότητας του ανθρώπου στα γονίδια, σαν ένα είδος βιολογικού «προπατορικού αμαρτήματος» που χαρακτηρίζει το πολιτισμικό status quo του *homo normalis*[1] που δέρνει τα παιδιά του, είναι σεξουαλικά διαταραγμένος και πολεμά, ως αναπόφευκτο

1 ΣΤΜ: Homo normalis: Όρος του Ράιχ με τον οποίο χαρακτήριζε τον μέσο νευρωτικό άνθρωπο, για τον οποίο έγραψε: (είναι) «προσαρμοσμένος στην πραγματικότητα, με αίσθημα κοινωνικότητας έμπορος ή υπάλληλος κατά τη διάρκεια της ημέρας. Επιφανειακά, η ζωή του φαίνεται ισορροπημένη. Ζει τις δευτερογενείς, διεστραμμένες παρορμήσεις του όταν εγκαταλείπει το σπίτι και το γραφείο του για να επισκεφτεί μια μακρινή πόλη και να επιδοθεί σε περιστασιακά ομαδικά ή σαδιστικά όργια.» (Βλ. *Η ανάλυση του χαρακτήρα*, 3ος τόμος, Εκδόσεις Καστανιώτη, 1980, σελ. 159-162.)

βιολογικό γεγονός.[1] Φυσικά, όλες οι παραπάνω θεωρίες δέχονται την υπόθεση ότι οι πρόγονοί μας, και εκείνοι που πρωτοεγκαταστάθηκαν σε μόνιμο μέρος και οι προηγούμενοι, ήταν σαδιστικά, πολεμοχαρή θηρία, παρόλο που αυτή η υπόθεση δεν υποστηρίζεται από τα αρχαιολογικά και ιστορικά στοιχεία. Αντιθέτως, τα στοιχεία δείχνουν ότι υπήρχαν ειρηνικές μητριστικές κοινωνίες.

Η δική μου άποψη είναι ότι τέτοιου είδους θεωρίες, περί άγριων «γυμνών πιθήκων» και άπληστων «εγωιστικών γονιδίων», στην πραγματικότητα δεν είναι παρά *ψυχολογική προβολή, ενδεδυμένη με «επιστημονικό» μανδύα, κατά την οποία οι προσωπικές συμπεριφορές, οι πεποιθήσεις και οι στάσεις των διαφόρων ψυχολόγων και ακαδημαϊκών μεταφέρονται απρεπώς σε πολιτισμούς και σε λαούς στους οποίους όμως δεν ανήκουν.* Την ίδια τάση παρατηρούμε διαχρονικά και στην ιστορία, όπου ειρηνικές κοινωνίες ταξινομούνται ως «βάρβαρες», «παγανιστικές», «κανιβαλιστικές» ή «άγριες», λίγο πριν αρματωμένοι ιεραπόστολοι ή νομάδες τζιχαντιστές καταφτάσουν εκεί με σκοπό την υποδούλωση και την αρπαγή της γης τους. Ισχυρίζομαι ότι τέτοιου είδους θεωρίες περί «εγγενούς φύσης της καταπίεσης και της βίας» δεν είναι δυνατόν να θεωρηθούν βάσιμες παρά μόνο αν αγνοηθούν τελείως τα τεκμηριωμένα ιστορικά δεδομένα και τα στοιχεία συμπεριφοράς των λαών. Από τη συστηματική, διαπολιτισμική και γεωγραφική επιθεώρηση των ανθρωπολογικών, ιστορικών και αρχαιολογικών στοιχείων, όπως παρουσιάζονται στο βιβλίο *Σαχαρασία,* καταρρίπτονται πλήρως όλες οι θεωρίες περί υποτιθέμενης γονιδιακής προέλευσης ή εγγενούς φύσης της θωρακισμένης πολεμοχαρούς ανθρώπινης κατάστασης, και των διαφόρων πατριστικών κοινωνικών θεσμών.

Το άλλο σημαντικό σημείο αφετηρίας της μελέτης μου, το οποίο έχει γενικά αγνοηθεί (ή και δυσφημιστεί) αδικαιολόγητα από τους ακαδημαϊκούς και επιστημονικούς κύκλους, είναι η

1 Wilson, E.O.: *Sociobiology: The New Synthesis,* Harvard U. Press, Cambridge, 1975. Ardrey, R.: *The Territorial Imperative,* Atheneum, NY 1966; Morris, D.: *The Naked Ape,* McGraw-Hill, 1967; Goldberg, S.: *The Inevitability of Patriarchy: Why the Biological Difference Between Men and Women Always Produces Male Domination,* Wm. Morrow, NY, 1973.

Εικ. 1. Ξυλογραφία του 15ου αιώνα ενός κινεζικού ιστιοφόρου κατάλληλου για υπερωκεάνια ταξίδια, με εκτιμώμενο μήκος μεγαλύτερο από εκατό μέτρα. Είναι γνωστό ότι και πλοία μικρότερου μεγέθους διέσχιζαν τον Ειρηνικό ωκεανό φθάνοντας στην Ινδία και αλλού, από την εποχή της δυναστείας Χαν, τον 2ο αιώνα ΠΤΕ, ή και νωρίτερα.

Εικ. 2. Αξιόπλοο Ταρτεσιανό πλοίο από τον Λίβανο, που εκμεταλλευόταν πλήρως τον άνεμο και έμοιαζε με τα Κέλτικα πλοία της Ρωμαϊκής Εποχής του 1ου αιώνα, που είχαν μήκος περίπου 50 μέτρα και ήταν κατάλληλα για μεγάλα ταξίδια στον ωκεανό.

Εικ. 3 — Η ναυαρχίδα του Χριστόφορου Κολόμβου, η Σάντα Μαρία, με μήκος που δεν υπερέβαινε τα 31 μέτρα, ήταν δηλαδή σημαντικά μικρότερο από τα πλοία που ναυπηγούσαν οι «ελέω Θεού» αρχαίοι βασιλείς των πατριστικών κρατών της Ασίας και της Μεσογείου.

θεωρία της σεξουαλικής οικονομίας του Βίλχελμ Ράιχ. Από όλα τα μέλη του «εσωτερικού κύκλου» του Φρόιντ, μόνο ο Ράιχ παρέμεινε τόσο σταθερά επικεντρωμένος στην πραγματική φύση του παιδικού τραύματος και της σεξουαλικής καταπίεσης. Τα ευρήματα και τα γραπτά του τον έφεραν αντιμέτωπο με την επικρατούσα άποψη των κοινωνιών της Ευρώπης και των ΗΠΑ κατά την περίοδο 1920-1957. Ήταν ένας από τους πρώτους που δήλωσε απροκάλυπτα ότι ο τρόπος που συμπεριφερόμαστε στα νήπια, στα παιδιά και στους εφήβους ήταν εξαιρετικά σκληρός, τραυματικός, και απολύτως υπεύθυνος όχι μόνο για τη χαοτική, βίαιη και αυτοκαταστροφική συμπεριφορά πολλών νεαρών ανθρώπων, αλλά και για την καταστροφική βία των ενηλίκων, που εκφράζεται με ανεξέλεγκτα σαδιστικά ξεσπάσματα, αλλά και για τους εθνικιστικούς «ιερούς» πολέμους. Με γενναιότητα αντιτάχθηκε στον βασανισμό των νηπίων και των παιδιών που συνέβαινε —και συνεχίζει να συμβαίνει— υπό το λάβαρο της «μαιευτικής», της παιδαγωγικής και της αρνητικής προς τη σεξουαλικότητα εκπαίδευσης στην πειθαρχία. Υπερασπίστηκε το δικαίωμα των εφήβων να έχουν υγή ερωτική ζωή πριν από τον γάμο, κάτι που ελάχιστοι επιστήμονες ή κοινωνικοί μεταρρυθμιστές έχουν κάνει, τόσο ανυποχώρητα και ειλικρινά όσο εκείνος.

Τα έργα του Ράιχ ήταν όλα σαφέστατα και αρκετά άρτια ώστε να αντέξουν κάθε αξιολόγηση και έλεγχο, παρόλο που μόνο σε σπάνιες περιπτώσεις συνέβη κάτι τέτοιο. Το γεγονός ότι η παρούσα μελέτη ήταν από τις πρώτες που χρησιμοποίησαν τις παρατηρήσεις του ως λογικά σημεία αφετηρίας της έρευνας, αποτελεί έναν επιπλέον λόγο που κατέληξε σε τόσες νέες και απροσδόκητες συσχετίσεις μεταξύ πολιτισμού και φυσικού περιβάλλοντος. Το έργο του Ράιχ ήταν ο κεντρικός άξονας από τον οποίο προέκυψαν οι συσχετισμοί με τη Σαχαρασία, και οι συσχετισμοί με τη Σαχαρασία αποτελούν επιβεβαίωση της γενικότερης θεωρίας του περί ανθρώπινης συμπεριφοράς. Ο Ράιχ ήταν ο πρώτος φυσικός επιστήμονας που αναγνώρισε την αναλογία μεταξύ των συνθηκών ερήμου που συναντώνται στο περιβάλλον και της *συγκινησιακής ερήμου* που συναντάται στον ανθρώπινο ψυχισμό. Η δική μου μελέτη στέκεται στους ώμους του δικού του υποδειγματικού έργου.

ΠΑΤΡΙΣΤΙΚΟΣ «ΠΟΛΙΤΙΣΜΟΣ» ΣΕ ΑΝΤΙΔΙΑΣΤΟΛΗ ΜΕ «ΑΠΟΛΙΤΙΣΤΟΥΣ» ΠΟΛΙΤΙΣΜΟΥΣ

Πριν προχωρήσουμε, είναι απαραίτητο να ασκήσουμε οξεία κριτική στην έννοια του *πολιτισμού*, η οποία έτσι όπως νοείται, στην πραγματικότητα εξυπηρετεί τον εγωκεντρισμό του μέσου ανθρώπου. Πώς ορίζεται ο πολιτισμός; Παραδοσιακά, με τον όρο νοούνται οι «ανώτεροι πολιτισμοί», που είχαν αναπτύξει γεωργία, κτηνοτροφία, γραφή, αρχιτεκτονική, μεταφορές και τεχνολογία. Οι Αιγύπτιοι και οι Βαβυλώνιοι που έχτισαν πυραμίδες ήταν «πολιτισμένοι», μας λένε τα επιστημονικά εγχειρίδια. Από την άλλη μεριά, ελάχιστα λέγονται για τους «πρωτόγονους» χωριάτες που ζούσαν στον Νείλο ή στον Τίγρη και στον Ευφράτη πριν την πρώτη πυραμίδα ή το ζιγκουράτ.[1] Με αυτόν τον τρόπο υπονοείται ότι οι απλοί αυτοί χωριάτες ήταν «απολίτιστοι». Αντίστοιχα, ο δικός μας «Δυτικός πολιτισμός», ή ο «πολιτισμός της Ανατολής», ακόμα οι Ίνκας και οι Μάγια, ταξινομούνται ως *καλά ανεπτυγμένοι «πολιτισμοί»*. Με βάση αυτή τη λογική, οι ιθαγενείς της προ-κολομβιανής Αμερικής, και των προχριστιανικών και προ-ισλαμικών περιοχών, ή των τροπικών περιοχών όπου οι άνθρωποι έφεραν υποτυπώδη ενδυμασία *έχουν ιστορικά περιγραφεί με διάφορους υποτιμητικούς όρους*, οι οποίοι αποκαλύπτουν πολύ περισσότερα για εκείνους που τους χρησιμοποιούν παρά για εκείνους προς τους οποίους απευθύνονται: «πρωτόγονος», «απολίτιστος», «ειδωλολάτρης», «παγανιστής», κτλ. Πρέπει πλέον, να είναι φανερό από αυτήν τη σύντομη ανάλυση ότι υπάρχει κάτι ριζικά λάθος με τον παραπάνω ορισμό του πολιτισμού, ο οποίος εξισώνεται κυρίως με την τεχνολογία και με την ύπαρξη κεντρικής κρατικής εξουσίας. Θα μπορούσαμε να καταλήξουμε σε έναν περισσότερο αποκαλυπτικό ορισμό αν εστιαστούμε στην ίδια τη λέξη, η οποία σημαίνει *πολιτισμένη συμπεριφορά και ειρηνική κοινωνική συμπεριφορά*.

Με βάση αυτόν τον τελευταίο ορισμό, πού θα ταξινομούσαμε τον σύγχρονο κόσμο του 20ού αιώνα; Πώς θα βαθμολο-

---

1 ΣΤΜ: Πυργοειδής ναός των Βαβυλωνίων και Ασσυρίων.

γούσαμε τους πολιτισμούς που δημιούργησαν τον Χίτλερ, τον Χιροχίτο, τον Στάλιν και τον Μάο Τσετούνγκ, με τις στρατιωτικές κατακτήσεις τους, τα στρατόπεδα θανάτου, τα γκούλαγκ, τα θεσμοθετημένα βασανιστήρια και την ευρεία καταπίεση και δολοφονία τόσο των ξένων όσο και των δικών τους πολιτών; Όλοι αυτοί οι πολιτισμοί διέθεταν καλά ανεπτυγμένη τεχνολογία, ισχυρή ιεραρχία του κεντρικού κράτους, θρησκευτικά και ιατρικά ιερατεία, στρατιωτική κάστα, καθώς και γραφειοκράτες που αυταρχικά εξυπηρετούσαν τις ηθικές, πνευματικές, υγειονομικές και ιδεολογικές «ανάγκες» του λαού τους. Ακόμα και ο δικός μας, ο αμερικανικός πολιτισμός, που είναι σήμερα αντικείμενο μεγάλου θαυμασμού και μίμησης ανά τον κόσμο, έχει δημιουργήσει μία, έστω μικρή, ομάδα κατά συρροή βιαστών, δολοφόνων παιδιών και άλλων εγκληματιών. Ιστορικά, οι Ευρωπαίοι που μετανάστευσαν στην Αμερική υποδούλωσαν και κατά καιρούς διέπραξαν μαζικές δολοφονίες εναντίον του ιθαγενούς πληθυσμού, ενώ οι απόγονοί τους ενεπλάκησαν με το δουλεμπόριο από την Αφρική — και με τους βιασμούς παιδιών. Στο μεταξύ, κάποιοι προσπαθούν να νομιμοποιήσουν τους παιδόφιλους! Δαπανώνται δισεκατομμύρια για να διαφημιστεί η απροκάλυπτα αντιεπιστημονική αντισεξουαλική υστερία σχετικά με το «AIDS», *δηλαδή σχετικά με μία διαταραχή του ανοσοποιητικού που δεν μεταδίδεται και σχετίζεται με τον τρόπο ζωής του ανθρώπου, η οποία συνδέεται με συγκεκριμένες συμπεριφορές υψηλού κινδύνου (δηλαδή, εκτεταμένη χρήση τοξικών φαρμακευτικών σκευασμάτων και παράνομων ναρκωτικών που πωλούνται στον δρόμο), για την οποία δεν έχει ποτέ αποδειχθεί ότι προκαλείται από ιό, ούτε ότι μεταδίδεται μέσω της ερωτικής πράξης ή μέσω του αίματος.*[1] Οι επιστήμονες και οι κλινικοί ερευνητές

1 Duesberg, P.: *Inventing the AIDS Virus (Η εφεύρεση του ιού του AIDS)*, Regenery, NY 1996; Duesberg, P.: *Infectious AIDS: Have We Been Misled? (Το μολυσματικό AIDS: Μήπως μας παραπλάνησαν;)*, North Atlantic Books, Berkeley, 1996; Duesberg, P.: *AIDS: Virus- or Drug-Induced? (AIDS: Προκαλείται από ιό ή φάρμακα)*, Kluewer Academic, NY 1996; Adams, J.: *AIDS: The HIV Myth (AIDS: Ο μύθος του HIV)*, St. Martin's, NY, 1989; Lauritsen, J.: *The AIDS War: Propaganda, Profiteering and Genocide from the Medical-*

που πιέζουν για επανεξέταση του χαρακτηρισμού του AIDS ως μολυσματικής ασθένειας, ή που συνηγορούν υπέρ μιας υγιέστερης σεξουαλικότητας, ή που επισημαίνουν αυτήν την κατάσταση σύγχυσης, δέχονται ανεξέλεγκτα πυρά. Λογοκρισία, απολύσεις, προγραφές, δημόσιες επιθέσεις, κοινωνική απομόνωση, γελοιοποίηση, παραπληροφόρηση από τα ΜΜΕ και άλλα μέτρα, που εξακολουθούν να υποστηρίζονται και να εκλογικεύεται η χρήση τους από τις ελίτ σχεδόν κάθε πολιτικής, δημοσιογραφικής ή επιστημονικής-ιατρικής ομάδας, για να καταπιέσει όσους στέκονται στο περιθώριο και αντιμάχονται την πατριστική ορθοδοξία σε κάθε επίπεδο —ιδιαίτερα εκείνους που κάνουν τη μεγαλύτερη φασαρία για «κοινωνική δικαιοσύνη», «ακαδημαϊκή ελευθερία» ή «ελευθερία του Τύπου». Στο μεταξύ, οι θανατηφόροι ορθόδοξοι αμείβονται με πλήρη ελευθερία και τεράστια χρηματικά ποσά τα οποία χρησιμοποιούν για να πραγματοποιούν τις δραστηριότητές τους που χαρακτηρίζονται από μίσος προς την ευχαρίστηση, και τάση προς την καταστροφή της ζωής και προς την καταστροφή της κοινωνίας.

Ωστόσο, οι απολύτως θλιβερές κοινωνικά καταστάσεις που παρατηρούνται σήμερα είναι στη φύση του ισλαμικού και του κομμουνιστικού πυρήνα της Σαχαρασίας: καταστάσεις δολοφονικές προς τα παιδιά και προς τις γυναίκες, υστερικά και βάναυσα καταπιεστικές προς τη σεξουαλικότητα, αδιάλλακτες σε κάθε μορφή ανεξάρτητης σκέψης και συμπεριφοράς, ιδιαίτερα αν προάγει την ετεροφυλοφιλία ή αντιμάχεται την εξουσία των μουλάδων, ή των κομματικών αρχηγών. Ο μέσος άνθρωπος — μετά την πλύση εγκεφάλου που υφίσταται από τα ελεγχόμενα

Industrial Complex (Ο πόλεμος του AIDS: Προπαγάνδα, κερδοσκοπία και γενοκτονία από τη φαρμακοβιομηχανία), Asklepios, NY, 1993; Rappoport, J.: AIDS Inc.: Scandal of the Century (Το σκάνδαλο του αιώνα), Human Energy Press, San Francisco, 1988; Root-Bernstein, R.: Rethinking AIDS: The Tragic Cost of Premature Consensus (Η επανεξέταση του AIDS: Το τραγικό κόστος της πρόωρης γενικής συναίνεσης), Free Press, NY, 1993; Hodgkinson, N.: AIDS: The Failure of Contemporary Science. How a Virus That Never Was Deceived the World (Η αποτυχία της σύγχρονης επιστήμης. Πώς ένας ιός που δεν υπήρξε ποτέ εξαπάτησε τον κόσμο), Fourth Estate, London, 1996.

από το κράτος ή από το τζαμί ΜΜΕ, και μετά την αποβλάκωση που υφίσταται από τα αυταρχικά εκπαιδευτικά συστήματα και από την απαίτηση να συμμορφώνεται με τη θρησκευτική ή/και την πολιτική ιδεολογία — είτε ενεργεί ως υστερική μαζορέτα σε όσα λέει ο Υπέρλαμπρος Αρχηγός ή ο Υπέρτατος Αγιατολάχ, είτε εμμέσως υποστηρίζει το, δικής τους εκδοχής, σύστημα πατριστικής θωράκισης μέσω μιας σιωπηλής συνομολογίας και της συγκινησιακής του νωθρότητας (απάθειας).

Παρόλο που μερικές γενναίες ψυχές μάχονται για τη γνήσια αγάπη και για τη διατήρηση της ελευθερίας τους, δυστυχώς θα χρειαστεί κάποια κοινωνική καταστροφή για να αφυπνιστεί η ευρύτερη συλλογική ψυχή και να αντιληφθεί αυτό το κωμικοτραγικό *Μεγάλο Θέατρο*.

Όποια και αν είναι τα προβλήματα σήμερα στη Σαχαρασία, είναι σίγουρο ότι και όλες οι υπόλοιπες κοινωνίες στον πλανήτη έχουν να αντιμετωπίσουν τη δική τους προβληματική συγκινησιακή θωράκιση. Οι βαθύτερες συναισθηματικές και σεξουαλικές ανάγκες των ανδρών, των γυναικών, των εφήβων και των παιδιών δαιμονοποιούνται και διαστρεβλώνονται, ενώ συχνά βρίσκονται υπό την κυριαρχία ανθρώπων δεν ενδιαφέρονται για το καλό της ανθρωπότητας. Το είδος μας έχει αναπτύξει εξαιρετικά έντονο συλλογικό σαδισμό, ο οποίος εκφράζεται ιδιαίτερα από εκείνους τους κρυφούς σαδιστές που βρίσκονται σε θέσεις πολιτικής, θρησκευτικής, ακόμα και ιατρικής εξουσίας, και εμποδίζουν ή αποκλείουν κάθε δρόμο προς την ανθρώπινη ευτυχία και προς κάθε ήπια και θετική προς τη ζωή κατεύθυνση. Άλλωστε, το μεγάλο οικονομικό κέρδος που αποκομίζεται από την οικονομία του πατρισμού, από τις πολεμικές μηχανές, την καταστροφική τεχνολογία, την οικολογική καταστροφή και τα κεντρικής διοίκησης μονοπώλια, περιπλέκει περαιτέρω το θέμα, καθιστώντας ακόμα πιο δύσκολη τη μεταστροφή προς ηπιότερες, λιγότερο θωρακισμένες και μητριστικές εναλλακτικές λύσεις. Όπως είπαμε, όμως, και παραπάνω, στην παρούσα εργασία ενδιαφερόμαστε κυρίως για τους βασικούς σεξουαλικούς-συγκινησιακούς παράγοντες οι οποίοι αποτελούν τα *θεμέλια* επί των οποίων έχουν οικοδομηθεί και ευδοκιμούν τα πολύπλοκα θεσμικά και οικονομικά μοντέλα.

Στις σελίδες του βιβλίου θα εγκαταλείψουμε αυτόν τον άστοχο, αναπόδεικτο, *κατασκευασμένο*, δημοφιλή ορισμό του «πολιτισμού». Η τεχνολογία και το κεντρικό κράτος είναι ανεπαρκείς και άστοχοι παράγοντες, που δεν μας βοηθούν να ορίσουμε τι συνιστά πολιτειακή κοινωνική τάξη. Αντιθέτως, θα προσεγγίσουμε την *πολιτική αγωγή και τις ειρηνικές, θετικές προς τη σεξουαλικότητα, βοηθητικές για τη ζωή κοινωνικές συνθήκες ως ενδείξεις πολιτισμού*, ανεξάρτητα από το επίπεδο τεχνολογίας ή κοινωνικής οργάνωσης. Τέλος, για το μεγαλύτερο μέρος του σύγχρονου κόσμου, συμφωνούμε με την άποψη του Βίλχελμ Ράιχ, σύμφωνα με την οποία «*ο πολιτισμός δεν έχει αρχίσει ακόμα*».

Μητριστική οικογένεια

Πατριστική οικογένεια

ΠΡΟΕΛΕΥΣΗ ΚΑΙ ΕΞΑΠΛΩΣΗ ΤΟΥ ΠΑΤΡΙΣΜΟΥ ΣΤΗ ΣΑΧΑΡΑΣΙΑ ΑΠΟ ΤΟ 4.000 ΠΤΕ

ΕΝΔΕΙΞΕΙΣ ΥΠΑΡΞΗΣ ΜΙΑΣ ΠΑΓΚΟΣΜΙΑΣ, ΟΦΕΙΛΟΜΕΝΗΣ ΣΤΟ ΚΛΙΜΑ, ΓΕΩΓΡΑΦΙΚΗΣ ΚΑΤΑΝΟΜΗΣ ΤΗΣ ΑΝΘΡΩΠΙΝΗΣ ΣΥΜΠΕΡΙΦΟΡΑΣ

ΕΙΣΑΓΩΓΗ

Στην παρούσα εργασία συμπεριλαμβάνονται, περιληπτικά, τα στοιχεία και τα συμπεράσματα της προσωπικής μου, επταετούς διάρκειας, μελέτης σχετικά με την παγκόσμια γεωγραφική κατανομή της ανθρώπινης συμπεριφοράς, καθώς και άλλων σχετικών κοινωνικο-περιβαλλοντικών παραγόντων, μια μελέτη την οποία παρουσίασα ως διδακτορική διατριβή. (DeMeo, 1985, 1986, 1987.) Επικεντρώνομαι κυρίως σε ένα εκτενές σύμπλεγμα τραυματικών και καταπιεστικών στάσεων, συμπεριφορών, κοινωνικών εθίμων και θεσμών, τα οποία σχετίζονται με τη βία και με τις εχθροπραξίες. Αρχίζω με κλινικές και διαπολιτισμικές παρατηρήσεις σχετικά με τις βιολογικές ανάγκες των νηπίων, των παιδιών και των εφήβων, και συνεχίζω με τις καταπιεστικές και καταστροφικές επιπτώσεις που έχουν σε αυτές τις ανάγκες ορισμένοι κοινωνικοί θεσμοί καθώς και κάποιες κατηγορίες σκληρού φυσικού περιβάλλοντος, και με τις επιπτώσεις της ίδιας της καταπίεσης και της καταστροφής επί της συμπεριφοράς.

Η γεωγραφική προσέγγιση της προέλευσης της ανθρώπινης συμπεριφοράς, όπως παρουσιάζεται εδώ, επέτρεψε τη διαμόρφωση μιας σφαιρικής εικόνας της αρχαιότερης πολιτισμικής μας ιστορίας, πολύ περισσότερο σαφούς από όσο ήταν ως τώρα εφικτό. Η αιτιώδης σχέση μεταξύ τραυματικών και καταπιεστικών κοινωνικών θεσμών αφενός, και καταστροφικής επιθετικότητας και πολέμων αφετέρου, επαληθεύτηκε και ενισχύθηκε από την προσέγγισή μου, γεγονός που επιβεβαίωσε την ύπαρξη μιας αρχαιότερης χρονικής περιόδου όπου επικρατούσαν σχετικά ειρηνικές κοινωνικές συνθήκες, και οι εχθροπραξίες, η ανδρική κυριαρχία και η καταστροφική επιθετικότητα είτε απουσίαζαν εντελώς, είτε βρίσκονταν σε εξαιρετικά χαμηλά επίπεδα. Επιπλέον, κατέστη εφικτό να εντοπιστούν με ακρίβεια η εποχή και οι περιοχές της Γης όπου οι συνθήκες του ανθρώπινου πολιτισμού μετασχηματίστηκαν από ειρηνικές, δημοκρατικές, ισότιμες, σε βίαιες, πολεμικές και δεσποτικές.

Τα ευρήματα προέκυψαν από πρόσφατες επιτόπιες παλαιοκλιματικές και αρχαιολογικές μελέτες (από τις οποίες αποκαλύφθηκαν άγνωστα μέχρι τότε κοινωνικά και περιβαλλοντικά στοιχεία), σε συνδυασμό με την ανάπτυξη μιας τεράστιας, παγκοσμίου κλίμακας βάσης ανθρωπολογικών δεδομένων που συγκροτήθηκε από πολιτισμικά στοιχεία εκατοντάδων έως χιλιάδων διαφορετικών πολιτισμών, από όλον τον κόσμο. Ο υπολογιστής, μια επίσης πρόσφατη καινοτομία, επέτρεψε την εύκολη πρόσβαση στα δεδομένα αυτά και την προετοιμασία, μέσα σε λίγα χρόνια, παγκόσμιων χαρτών συμπεριφοράς για τους οποίους —υπό διαφορετικές συνθήκες— θα απαιτείτο μια ολόκληρη ζωή για να δημιουργηθούν. Επιπλέον, η προσέγγισή μου σε αυτά τα ερωτήματα αποτελεί αφενός μια από τις πρώτες συστηματικές επισκοπήσεις της ανθρώπινης συμπεριφοράς και των κοινωνικών θεσμών, και αφετέρου αποκαλύπτει ένα, μέχρι στιγμής, απαρατήρητο αλλά εμφανέστατο πλαίσιο εκδήλωσης της ανθρώπινης συμπεριφοράς. Πριν προχωρήσουμε στους χάρτες που προαναφέρθηκαν, στους οποίους εμφανίζεται —γεωγραφικά— ο πυρήνας των ανακαλύψεών μου, απαιτείται μια ανάλυση των παραμέτρων που παρουσιάζουν ενδιαφέρον, καθώς και της θεωρίας βάσει της οποίας δημιουργήθηκαν οι χάρτες.

ΜΗΤΡΙΣΤΙΚΟΣ ΣΕ ΑΝΤΙΔΙΑΣΤΟΛΗ ΜΕ ΤΟΝ ΠΑΤΡΙΣΤΙΚΟ ΠΟΛΙΤΙΣΜΟ: ΟΙ ΡΙΖΕΣ ΤΗΣ ΒΙΑΣ ΣΤΟ ΠΑΙΔΙΚΟ ΤΡΑΥΜΑ ΚΑΙ ΣΤΗΝ ΚΑΤΑΠΙΕΣΗ ΤΗΣ ΣΕΞΟΥΑΛΙΚΟΤΗΤΑΣ

Η έρευνά μου αρχικά στόχευε στη δημιουργία μιας παγκόσμιας γεωγραφικής κατανομής και στη συνέχεια ανάλυσης των κοινωνικών παραγόντων που σχετίζονται με το πρώιμο παιδικό τραύμα και με τη σεξουαλική καταπίεση, προκειμένου να ελεγχθεί η ορθότητα της θεωρίας που διατύπωσε η επιστήμη της σεξουαλικής οικονομίας του Βίλχελμ Ράιχ (1935, 1942, 1945, 1947, 1949, 1953, 1967, 1983).

Κατά τη θεωρία του Ράιχ —η οποία αναπτύχθηκε στα πλαίσια της ψυχανάλυσης και στη συνέχεια αποσχίστηκε από αυτήν— η καταστροφική επιθετικότητα και η σαδιστική βία του homo sapiens θεωρείται τελείως αφύσικη κατάσταση, αποτέλεσμα της χρόνιας και τραυματικής αναστολής των ακόλουθων λειτουργιών: της αναπνοής, της συναισθηματικής έκφρασης και των ενστίκτων που στοχεύουν στην απόλαυση. Σύμφωνα με αυτήν την οπτική, η αναστολή ενσωματώνεται στον άνθρωπο και μετατρέπεται σε χρόνια, μέσω συγκεκριμένων στερεοτύπων και κοινωνικών θεσμών, που είναι ιδιαίτερα βάναυσοι, εμποδίζουν κάθε ηδονή και, συνειδητά ή ασυνείδητα, επηρεάζουν τους δεσμούς μητέρας-βρέφους και άντρα-γυναίκας. Αυτά τα στερεότυπα και οι θεσμοί εμφανίζονται τόσο στους «πρωτόγονους» πολιτισμούς που βρίσκονται σε οριακό επίπεδο επιβίωσης, όσο και στις τεχνολογικά προηγμένες, «πολιτισμένες» κοινωνίες. Μερικά παραδείγματα είναι: η ασυνείδητη ή εκλογικευμένη πρόκληση πόνου στα νεογέννητα και στα παιδιά με διάφορους τρόπους· ο χωρισμός και η απομόνωση του βρέφους από τη μητέρα του· η αδιαφορία για ένα βρέφος που κλαίει και είναι αναστατωμένο· η ακινητοποίηση του βρέφους, το μακροχρόνιο φάσκιωμα· άρνηση του μητρικού στήθους και ο πρόωρος απογαλακτισμός του βρέφους· κάθε τομή στο σώμα του βρέφους, συνήθως στα γεννητικά του όργανα· η τραυματική εκπαίδευση στην τουαλέτα, και όλες οι άλλες απαιτήσεις, για παράδειγμα να είναι ήσυχο, υπάκουο, να μην είναι αδιάκριτο, που επιβάλλονται με σωματικές ποινές ή απειλές. Άλλοι κοινωνικοί θεσμοί με τους οποίους επιδιώκεται η σύνθλιψη των αναδυόμενων σεξουαλικών ενδιαφερόντων του παιδιού, είναι το ταμπού της γυναικείας παρθενίας, που απαιτείται από κάθε πολιτισμό που λατρεύει έναν πατριστικό ανώτερο θεό, και ο υποχρεωτικός ή από συνοικέσιο γάμος, που επιβάλλεται μέσω τιμωρίας ή ενοχών. Οι περισσότερες από αυτές τις τιμωρίες και οι περισσότεροι περιορισμοί είναι πιο επώδυνοι για τη γυναίκα αν και επηρεάζουν πάρα πολύ και τους άντρες.

Η απαίτηση αντοχής στον πόνο, καταπίεσης των συναισθημάτων και τυφλής υπακοής στις γηραιότερες αυθεντίες (συνήθως άντρες) σχετικά με τις κρίσιμες αποφάσεις της ζωής, αποτελούν αναπόσπαστο τμήμα των κοινωνικών θεσμών που αναφέρθηκαν, οι οποίοι έτσι επεκτείνονται και πέρα από την παιδική ηλικία για να ελεγχθεί και η συμπεριφορά των ενηλίκων. Ο μέσος άνθρωπος σε κάθε κοινωνία υποστηρίζει και υπερασπίζεται αυτά τα καταπιεστικά έθιμα, ανεξάρτητα αν οι συνέπειές τους είναι οδυνηρές, ελαττώνουν την απόλαυση, ή απειλούν τη ζωή, και τα θεωρεί —άκριτα— «θετικές» εμπειρίες, που «πλάθουν χαρακτήρα», ή μέρος της «παράδοσης». Όμως, από αυτό το σύμπλεγμα επώδυνων και καταπιεστικών κοινωνικών θεσμών, προκύπτουν τα νευρωτικά, ψυχωτικά, αυτοκαταστροφικά και σαδιστικά συστατικά της ανθρώπινης συμπεριφοράς, τα οποία εξωτερικεύονται με πληθώρα τρόπων, είτε καλυμμένων και ασυνείδητων, είτε εμφανών και συνειδητών.

Σύμφωνα με την άποψη της επιστήμης της σεξουαλικής οικονομίας του Ράιχ, στο παιδί, καθώς μεγαλώνει, εγκαθίσταται μια χρόνια χαρακτηρολογική και μυϊκή *θωράκιση*, ανάλογα με το είδος και τη σοβαρότητα του επώδυνου τραύματος που βιώνει. Βιοφυσικές διεργασίες όπως η πλήρης και ανεμπόδιστη αναπνοή, η συναισθηματική έκφραση και η σεξουαλική εκφόρτιση κατά τον οργασμό βρίσκονται, εξαιτίας της θωράκισης, σε χρόνια —μεγαλύτερου ή μικρότερου βαθμού— ανάσχεση με αποτέλεσμα να συσσωρεύεται υπερδιεγερμένη, μη δυνάμενη να εκφορτιστεί συναισθηματική και σεξουαλική (βιοενεργειακή) ένταση. Αυτός ο αποκλεισμός εκφόρτισης της εσωτερικής έντασης αναγκάζει τον οργανισμό να συμπεριφέρεται με, ως επί το πλείστον, ασυνείδητο, διαστρεβλωμένο, αυτοκαταστροφικό, και/ή σαδιστικό τρόπο. (Ράιχ, 1942, 1949.) Αυτό συμβαίνει κάθε φορά —και μόνον— όταν γίνεται προσπάθεια να εκτραπούν παράλογα ή να διαμορφωθούν κατά το δοκούν πρωταρχικές βιολογικές ανάγκες ή ενορμήσεις του ανθρώπου, ώστε να συμμορφωθούν με τις επιταγές του «πολιτισμού».

Παραδείγματα είναι η άρνηση του μητρικού στήθους στο βρέφος, ο ξυλοδαρμός ενός παιδιού που είχε μια φυσιολογική κένωση ή εκφράστηκε σεξουαλικά, ή ο υποχρεωτικός γάμος νεαρών κοριτσιών με άνδρες μεγάλης ηλικίας («παιδικός αρραβώνας», «αγορά νύφης»).

Τα στερεότυπα και οι κοινωνικοί θεσμοί που επιφέρουν πόνο και εμποδίζουν την απόλαυση, εμφανίζονται στους περισσότερους, αλλά σίγουρα όχι σε όλους τους αρχαίους και τους σύγχρονους πολιτισμούς. Για παράδειγμα, υπάρχουν κάποιοι πολιτισμοί (αποτελούν σαφώς μειοψηφία) χωρίς θεσμούς που, συνειδητά ή μη, να προκαλούν πόνο στα βρέφη και στα παιδιά, και χωρίς θεσμούς που να καταπιέζουν τα σεξουαλικά ενδιαφέροντα των παιδιών και των ενηλίκων. Αυτό, όμως, που έχει ιδιαίτερο ενδιαφέρον είναι το γεγονός ότι οι κοινωνίες αυτές είναι επίσης μη-βίαιες, με σταθερούς μονογαμικούς οικογενειακούς δεσμούς και ευχάριστες, φιλικές κοινωνικές σχέσεις.

Ο Μαλινόφσκι (1927, 1932) ήταν ο πρώτος που παρουσίασε στοιχεία που απεδείκνυαν την ύπαρξη τέτοιων πολιτισμών προκειμένου να αντικρούσει τον ισχυρισμό του Φρόιντ ότι η περίοδος της λανθάνουσας σεξουαλικότητας των παιδιών και η οιδιπόδεια σύγκρουση είναι βιολογικώς προσδιορισμένα και ισχύουν σε κάθε πολιτισμό. Ο Ράιχ (1935) ισχυρίστηκε ότι οι συνθήκες που επικρατούσαν στην κοινωνία των κατοίκων των νησιών Τρόμπριαντ της Πολυνησίας, αποδεικνύουν την ορθότητα των κλινικών και κοινωνικών του ευρημάτων που συνδέουν την καταπίεση της σεξουαλικότητας με την παθολογική συμπεριφορά. Έκτοτε παρουσιάστηκαν και άλλες εθνολογικές μελέτες παρόμοιων πολιτισμών. (Elwin, 1947, 1968. Hallet & Relle, 1973. Turnbull, 1961.) Οι διαπολιτισμικές μελέτες παγκόσμιας κλίμακας του Prescott (1975) και οι δικές μου (DeMeo, 1986, σελ. 114-120) επιβεβαίωσαν τα ευρήματα αυτά: Οι κοινωνίες που φορτώνουν με τραύματα και πόνο τα βρέφη και τα παιδιά τους, και ακολούθως καταπιέζουν τις συναισθηματικές εκδηλώσεις και τα σεξουαλικά ενδιαφέροντα των εφήβων τους, εμφανίζουν, όλες ανεξαιρέτως, πλήθος νευρωτικών, αυτοκαταστροφικών και βίαιων συμπεριφορών. Στον αντίποδα, οι κοινωνίες που μεταχειρίζονται τα βρέφη και τα παιδιά τους με στοργή και σωματική τρυφερότητα και ανταποκρίνονται θετικά στη συναισθηματική έκφραση και στην εφηβική σεξουαλικότητα είναι ψυχολογικά υγιείς και μη-βίαιες. Πράγματι, από τις διαπολιτισμικές έρευνες αποδεικνύεται ότι είναι εξαιρετικά δύσκολο —αν όχι αδύνατον—να εντοπίσουμε βίαιη κοινωνία η οποία να μην τραυματίζει τους νέους και/ή να μην τους καταπιέζει σεξουαλικά.

Από τη συστηματική επισκόπηση της παγκόσμιας ιστορικής βιβλιογραφίας επιβεβαιώνονται οι σχέσεις μεταξύ παιδικών τραυμάτων, καταπίεσης της σεξουαλικότητας, αντρικής κυριαρχίας και οικογενειακής βίας, στις περιγραφές διαφόρων πολεμοχαρών, αυταρχικών και δεσποτικών καθεστώτων. (DeMeo, 1985, Κεφάλαια 6 & 7 του 1986.)[1] Από ανάλογα ιστορικά στοιχεία, ο Τέιλορ (1953) κατέληξε στο διττό πρότυπο της ανθρώπινης συμπεριφοράς των διαφόρων κοινωνιών. Χρησιμοποιώντας την ορολογία του Τέιλορ και επεκτείνοντας το πρότυπό του ενσωματώνοντας τα ευρήματα της σεξουαλικής οικονομίας, οι βίαιες, καταπιεστικές κοινωνίες ονομάζονται *πατριστικές* και διαφέρουν σχεδόν στα πάντα από τις *μητριστικές* κοινωνίες, των οποίων οι κοινωνικοί θεσμοί έχουν αναπτυχθεί έτσι ώστε να προστατεύουν και να ενισχύουν τους ευχάριστους δεσμούς μητέρας-βρέφους και άντρα-γυναίκας.[2] Στον Πίνακα 2 παρουσιάζονται σε αντι-

1 Στην έρευνά μου περιέλαβα περισσότερες από 100 διαφορετικές πηγές, μεταξύ των οποίων ορισμένες κλασικές σεξολογικές εργασίες όπως των: Brandt, 1974· Bullough, 1976· Gage, 1980· Hodin, 1937· Kiefer, 1951· Levy, 1971· Lewinsohn, 1958· Mantegazza, 1935· May, 1930· Stone, 1976· Tannahill, 1980· Taylor, 1953· Van Gulik, 1961.

2 Λίγο μετά την ολοκλήρωση της διατριβής μου, έμαθα για τη μελέτη της Ριάν Άισλερ (1987a) *Η Κύλιξ και το Ξίφος*, με την οποία προσδιόρισε τον κυριαρχικό και τον συντροφικό τύπο κοινωνικής οργάνωσης. Είναι σχεδόν ταυτόσημοι σε σύλληψη με τις αντίστοιχες πατριστικές και μητριστικές μορφές κοινωνικής οργάνωσης, όπως ορίστηκαν εδώ.

Πίνακας 2
Διττό πρότυπο ανάπτυξης συμπεριφορών, στάσεων και κοινωνικών θεσμών

Στοιχείο ή Θεσμός	Πατρισμός (θωρακισμένος)	Μητρισμός (αθωράκιστος)
Βρέφη, Παιδιά, & Έφηβοι:	Λιγότερη ανεκτικότητα Λιγότερη σωματική στοργή Τραυματισμένα βρέφη Επώδυνες μυήσεις Κυριαρχία της οικογένειας Κατοικίες και στρατός όπου διαχωρίζονται τα φύλα, ή χωριά κατά ηλικία	Περισσότερη ανεκτικότητα Περισσότερη σωματική στοργή Τα βρέφη δεν τραυματίζονται Ανώδυνες μυήσεις Παιδικές δημοκρατίες Στις κατοικίες τα παιδιά δεν διαχωρίζονται με βάση το φύλο τους
Σεξουαλικότητα:	Καταπιεστική στάση Ακρωτηριασμοί γεννητικών οργάνων Ταμπού γυναικείας παρθενίας Η ερωτική πράξη κατά την εφηβεία αποδοκιμάζεται έντονα Ομοφυλοφιλία και ισχυρά ταμπού Αιμομικτικές τάσεις και ισχυρό ταμπού Ύπαρξη παλλακίδων και/ή πορνείας	Ανεκτική στάση Κανένας ακρωτηριασμός γεννητικών οργάνων Απουσία ταμπού γυναικείας παρθενίας Οι ερωτικές σχέσεις κατά την εφηβεία είναι ελεύθερες Απουσία ομοφυλοφιλίας και ισχυρών ταμπού Απουσία αιμομικτικών τάσεων ή ισχυρού ταμπού Απουσία παλλακίδων ή πορνείας

Γυναίκες:	Περιορισμοί στην ελευθερία Σε κοινωνικά κατώτερη θέση Ταμπού κολπικού αίματος (αίμα παρθενικού υμένα, περιόδου και γέννησης) Δεν επιτρέπεται να επιλέξει τον σύντροφό της Δεν επιτρέπεται να χωρίσει αν το επιθυμεί Οι άντρες ελέγχουν τη γονιμότητα των γυναικών	Περισσότερη ελευθερία Είναι ισότιμες Απουσία ταμπού κολπικού αίματος Επιλέγει τον σύντροφό της Επιτρέπεται να χωρίσει αν το επιθυμεί Οι γυναίκες ελέγχουν τη γονιμό- τητά τους
Πολιτισμική & Οικογενειακή Δομή:	Αυταρχική Ιεραρχική Πατρογραμμική Πατροτοπική Αναγκαστική μονογαμία εφ' όρου ζωής Συχνά πολυγαμική Δομή με στρατιωτικές κάστες Βίαιη, σαδιστική	Δημοκρατική Βασισμένη στην ισότητα Μητρογραμμική Μητροτοπική Μη αναγκαστική μονογαμία Σπάνια πολυγαμική Απουσία μόνιμου στρατού Μη βίαιη
Θρησκεία και Πεποιθήσεις:	Προσανατολισμένη προς τον άντρα/πατέρα Ασκητισμός, αποφυγή της από- λαυσης Αναστολή, φόβος για τη φύση Επαγγελματίες ιερείς Άντρες σαμάνοι Αυστηροί κανόνες συμπεριφοράς	Προσανατολισμένη προς τη γυναίκα/μητέρα Η απόλαυση ευπρόσδεκτη και θε- σμοθετημένη Αυθορμητισμός, η φύση λατρεύεται Δεν υπάρχουν επαγγελματίες ιερείς Άντρες/γυναίκες σαμάνοι Απουσία αυστηρών κανόνων συ- μπεριφοράς

παραβολή και σε ακραία μορφή τα χαρακτηριστικά των πατριστικών (θωρακισμένων) και των μητριστικών (αθωράκιστων) πολιτισμών.

Υπάρχουν πολλές πλευρές του πατρισμού που παρεμβαίνουν στη βιολογία του βρέφους και του παιδιού με τρόπο που εν γένει δεν παρατηρείται στο υπόλοιπο ζωικό βασίλειο, και μάλιστα ορισμένες αυξάνουν την παιδική και μητρική παθολογία και θνησιμότητα. Εκτός από τις επώδυνες τελετουργίες που περιορίζουν την απόλαυση, τις οποίες παρουσιάσαμε στον Πίνακα 2, είναι σημαντικό να σημειωθεί ότι στις περισσότερες πατριστικές κοινωνίες, κάποια χρονική στιγμή του πρόσφατου ή παλαιότερου παρελθόντος, εμφανίστηκαν ψυχοπαθολογικές κοινωνικές διαταραχές, σχεδιασμένες για να γίνει κοινωνικώς αποδεκτή η οργανωμένη εκφόρτιση του δολοφονικού μίσους εναντίον των παιδιών και των γυναικών (π.χ. τελετουργική θυσία παιδιών, χήρων γυναικών, «μαγισσών», «πορνών» κ.α.) και ταυτόχρονα θεοποίηση των πιο επιθετικών και σαδιστικά σκληρών αντρών (απολυταρχία, θεοκρατική βασιλεία). Τέτοιου είδους διαταραχές είτε στην πλήρη μορφή τους, είτε ως υπολείμματα, εμφανίζονται και σε μερικούς σύγχρονους πολιτισμούς προσφέροντας τεκμήρια ότι οι συμπεριφορές αυτές έχουν γεωγραφικό υπόβαθρο.

Για παράδειγμα, δοθέντος ότι τα κλινικά, διαπολιτισμικά και ιστορικά δεδομένα υποδηλώνουν ότι η βία των ενηλίκων πηγάζει από τραύματα της πρώιμης παιδικής ηλικίας και από τη σεξουαλική καταπίεση και ότι, επιπλέον, η βία απουσιάζει εκεί όπου οι δεσμοί μητέρας-βρέφους και άντρα-γυναίκας προστατεύονται και υποστηρίζονται από μητριστικά κοινωνικά έθιμα, προκύπτει λογικά το ερώτημα πώς μπόρεσε να εμφανιστεί αρχικά το πολιτισμικό πρότυπο (gestalt) της πρόκλησης τραύματος, της καταπίεσης και της βίας (πατρισμός). Ο πατρισμός, που χαρακτηρίζεται από την, τεράστιας έκτασης, βία εναντίον των βρεφών, των παιδιών και των γυναικών, η οποία διαιωνίζεται μέσω επώδυνων και απειλητικών για τη ζωή κοινωνικών θεσμών, πρέπει να πρωτοεμφανίστηκε σε *συγκεκριμένη εποχή και σε συγκεκριμένο τόπο* σε κάποιες, αλλά όχι σε όλες τις πρώιμες ανθρώπινες κοινωνίες. Εφόσον δηλαδή ο πατρισμός δεν είναι κάτι έμφυτο αλλά προκύπτει από τη χρόνια ανάσχεση, την αναστολή και τον αποκλεισμό των βιολογικών ορμών, υποχρεωτικά έτσι πρέπει να έχουν τα πράγματα. Από την άλλη μεριά, ο μητρισμός, ο οποίος προκύπτει αν οι βιολογικές ανάγκες εκφράζονται ελεύθερα και ανεμπόδιστα και, επομένως, είναι έμφυτος, θα πρέπει να είχε παγκόσμια εξάπλωση και παρουσία σε όλους τους πρώιμους πολιτισμούς.

Η φυσική επιλογή θα πρέπει να ευνοούσε τον μητρισμό, δεδομένου ότι δεν προκαλεί τις σαδιστικές ορμές που οδηγούν σε θανατηφόρα βία εναντίον των γυναικών και των παιδιών, ούτε διαταράσσει τους συναισθηματικούς δεσμούς μεταξύ μητέρας και βρέφους, άρα υπερέχει ψυχοφυσιολογικά ως προς την επιβίωση. (Klaus & Kennell, 1976· LeBoyer, 1975· Montagu, 1971· Stewart & Stewart, 1978a, 1978b· Reich, 1942, 1949.)

Επιβεβαίωση και ενίσχυση των παραπάνω συμπερασμάτων βρίσκουμε αν εξετάσουμε τα παγκόσμια ανθρωπολογικά και αρχαιολογικά δεδομένα από γεωγραφική άποψη, κάτι που αποτέλεσε και τον κεντρικό σκοπό της έρευνάς μου, να συσχετίσω δηλαδή γεγονότα και παρατηρήσεις που προέρχονταν από επιτόπιες έρευνες διαφορετικών ερευνητών, με παράμετρο τον τόπο που εμφανίστηκαν.[1] Για παράδειγμα, υπάρχουν περιοχές όπου

1 Για το συγκεκριμένο εγχείρημα απαιτείται ο σαφής διαχωρισμός μεταξύ γεγονότων και θεωριών που βασίζονται στα γεγονότα. Όλες οι επιστημονικές θεωρίες συμπεριφοράς προσπαθούν να εξηγήσουν μια πληθώρα παρατηρούμενων κλινικών και κοινωνικών γεγονότων, αλλά λίγες από αυτές επιχειρούν να ενσωματώσουν στη θεωρία ανθρωπολογικά στοιχεία, δηλαδή, στοιχεία συμπεριφοράς άλλων πολιτισμών. Οι περισσότερες από τις θεωρίες αυτές δεν καταφέρνουν να είναι ούτε παγκόσμιες, ούτε γεωγραφικά προσδιορισμένες. Δηλαδή, δεν προσπαθούν να εξηγήσουν την ανθρώπινη συμπεριφορά της πλειονότητας των περισσότερο μελετημένων πολιτισμών ανά περιοχή του κόσμου. Οι περισσότερες θεωρίες συμπεριφοράς, αν μπουν στον κόπο να εξετάσουν τη βιβλιογραφία της ανθρωπολογίας, εστιάζονται αποκλειστικά σε πατριστικούς πολιτισμούς και δεν εξασφαλίζουν ούτε συστηματική βάση ούτε παγκοσμιότητα. Οι διαπολιτισμικές μελέτες αποτελούν τεράστιο βήμα εμπρός στα ζητήματα αυτά, αλλά ο συνδυασμός παγκόσμιας γεωγραφικής και διαπολιτισμικής προσέγγισης αποτελεί μια πρόσθετη, αναγκαία βελτίωση, η οποία τελικά θα αναγκάσει όλες τις θεωρίες συμπεριφοράς να εξετάζουν εφεξής τα ειδικά δεδομένα της ιστορίας, της μετανάστευσης, των επαφών μεταξύ πολιτισμών και του φυσικού περιβάλλοντος.

χαρακτηριστικά μητρισμού και ειρηνικές κοινωνικές συνθήκες εντοπίζονται στα βαθύτερα στρώματα που ανασκάπτονται κατά τις αρχαιολογικές έρευνες, και ταυτόχρονα, από τα ρηχότερα, δηλαδή κατά τους νεώτερους χρόνους, αποδεικνύεται ότι υπήρξε μετάβαση προς βιαιότερες συνθήκες και κυριαρχία των ανδρών. Παρά το γεγονός ότι άλλοι ερευνητές είτε δεν γνώριζαν αυτά τα νέα δεδομένα, είτε προτιμούσαν να τα αγνοούν, είτε είχαν αντιρρήσεις για τη σημασία τους, έχουμε αυξανόμενο αριθμό ερευνών που αποδεικνύει ότι συνέβησαν κοινωνικές αλλαγές μεγάλης κλίμακας κατά την αρχαιότητα, κατά τις οποίες οι ειρηνικές και δημοκρατικές συνθήκες που προωθούσαν την ισότητα μετατράπηκαν σε βίαιες, πολεμικές συνθήκες κυριαρχούμενες από άντρες. (Bell, 1971· Eisler, 1987a, 1987b· Huntington, 1907, 1911· Gimbutas, 1965, 1977, 1982· Stone, 1976· Velikovsky, 1950, 1984.) Η από γεωγραφικής άποψης εξέταση αυτών των ευρημάτων είναι ιδιαίτερα αποκαλυπτική.

Από τη συστηματική επισκόπηση τέτοιου είδους παγκόσμιας κλίμακας ευρημάτων (DeMeo, 1985, Κεφάλαια 6 & 7 του 1986) απεκαλύφθη ότι οι μεταβάσεις που επιβεβαιώνονται αρχαιολογικά, κατά τις οποίες ολόκληρες περιοχές μετασχηματίστηκαν από μητριστικές σε πατριστικές κατά την ίδια γενικά χρονική περίοδο, ή όπου η μετάβαση προς τον πατρισμό σάρωσε, απ' άκρη σ' άκρη, μεγάλα τμήματα μιας ηπείρου, στη διάρκεια μερικών αιώνων, συνέβησαν ακολουθώντας συγκεκριμένο παγκόσμιο πρότυπο. Εξαιρετικής σημασίας ήταν το εύρημα ότι οι πιο πρώιμες πολιτισμικές μεταβάσεις αυτού του είδους εμφανίστηκαν σε συγκεκριμένες περιοχές του Παλαιού Κόσμου (ειδικά στη Βόρειο Αφρική, στην Εγγύς Ανατολή και στην Κεντρική Ασία, κατά την περίοδο 4000-3500 ΠΤΕ), και *σε συνδυασμό με μεγάλης κλίμακας περιβαλλοντικές αλλαγές στις ίδιες περιοχές, από σχετικά υγρές συνθήκες σε συνθήκες ξηρασίας.* Οι μεταγενέστεροι μετασχηματισμοί που συνέβησαν σε περιοχές εκτός των νεοσχηματισμένων ερήμων σχετίζονται με την εγκατάλειψη των ερημικών περιοχών από τους πληθυσμούς τους και την επακόλουθη εισβολή τους σε πιο υγρές γειτονικές περιοχές. Ο συγχρονισμός μεταξύ περιβαλλοντικών και πολιτισμικών μεταβολών είναι ιδιαίτερα σημαντικός, αν ληφθούν υπόψη και άλλα στοιχεία που υποστηρίζουν ότι η έντονη ξηρασία και η ερημοποίηση είχαν τη δυνατότητα να διαταράξουν τραυματικά τους δεσμούς μητέρας-βρέφους και άντρα-γυναίκας, με το ίδιο ακριβώς τρόπο που τους διαταράσσουν όλοι οι σκληροί και επώδυνοι πατριστικοί κοινωνικοί θεσμοί.

ΚΟΙΝΩΝΙΚΗ ΚΑΤΑΣΤΡΟΦΗ ΣΕ ΠΕΡΙΟΧΕΣ ΠΟΥ ΕΠΛΗΓΗΣΑΝ ΑΠΟ ΞΗΡΑΣΙΑ, ΕΡΗΜΟΠΟΙΗΣΗ ΚΑΙ ΑΣΙΤΙΑ

Διαθέτουμε ευρήματα που οδηγούν στο συμπέρασμα ότι η έντονη, μακροχρόνια ξηρασία και η ερημοποίηση, οι οποίες επιφέρουν ασιτία, λιμοκτονία και μαζικές μεταναστεύσεις πληθυσμών που βρίσκονται σε οριακό επίπεδο επιβίωσης, θα πρέπει να αποτέλεσαν τον κρίσιμο παράγοντα ο οποίος, είτε σταδιακά, είτε ραγδαία, ώθησε τους προηγουμένως μητριστικούς πολιτισμούς προς τον πατρισμό. Για παράδειγμα:

1) Πρόσφατες αναφορές αυτοπτών μαρτύρων πολιτισμικών μεταβολών που συμβαίνουν κατά τη διάρκεια συνθηκών ασιτίας και λιμοκτονίας επιβεβαιώνουν την επακόλουθη κατάρρευση των κοινωνικών και οικογενειακών δεσμών. Η σπαρακτική αναφορά του Τέρνμπουλ (1972) για τον λαό Ικ της Ανατολικής Αφρικής είναι πολύ σαφή σε αυτό το σημείο έχουν, ωστόσο, γίνει και άλλες ανάλογες παρατηρήσεις. (Cahill, 1982· Garcia, 1981· Garcia & Escudero, 1982· Sorokin, 1975.) Υπό έντονες συνθήκες ασιτίας, οι σύζυγοι συχνά εγκαταλείπουν τις συζύγους και τα παιδιά τους προς αναζήτηση τροφής και η επιστροφή τους είναι αμφίβολη. Τα παιδιά που λιμοκτονούν και τα γηραιότερα μέλη της οικογένειας ουσιαστικά εγκαταλείπονται να παλέψουν μόνα τους ή να πεθάνουν. Κάποιες φορές, παιδιά σχηματίζουν περιπλανώμενες ομάδες με σκοπό την κλοπή τροφής και ο εναπομείνας κοινωνικός ιστός διαρρηγνύεται εντελώς. Ο δεσμός που φαίνεται να αντιστέκεται περισσότερο είναι ο δεσμός μητέ-

ρας-βρέφους, αλλά τελικά και οι λιμοκτονούσες μητέρες εγκαταλείπουν τα παιδιά τους.

2) Από κλινική έρευνα επί των συνεπειών του σοβαρού υποσιτισμού (πρωτεϊνών-θερμίδων) βρεφών και παιδιών αποδεικνύεται ότι η λιμοκτονία είναι ένα από τα πιο σοβαρά τραύματα. Ένα παιδί που υποφέρει από μαρασμό θα εμφανίσει συμπτώματα έλλειψης επαφής με το περιβάλλον και ακινητοποίησης, συνοδευμένα —στις πιο ακραίες περιπτώσεις— από παύση της ανάπτυξης του σώματος και του εγκεφάλου. Αν η λιμοκτονία διαρκέσει μεγάλο διάστημα, η ανάταξη σε πλήρη λειτουργικότητα μπορεί να μην επιτευχθεί ακόμα και με την παροχή υψηλής ποιότητας και ικανής ποσότητας τροφής, και να συνοδεύεται από ήπια έως σοβαρή οργανική και συναισθηματική καθυστέρηση. Έχουν αναφερθεί και άλλες επιπτώσεις της ασιτίας και της λιμοκτονίας σε παιδιά και ενήλικες, μεταξύ των οποίων είναι η ελάττωση της γενικότερης συναισθηματικής ζωντάνιας και της σεξουαλικής ενέργειας, και κάποια από τα αυτά είναι μόνιμα. Είναι σημαντικό να αναφέρουμε ότι το βρέφος, σε συνθήκες ασιτίας και λιμοκτονίας, συστέλλεται και αποσύρεται βιοφυσικά και συναισθηματικά με τρόπο σχεδόν ταυτόσημο με αυτόν που υφίσταται αν στερηθεί τραυματικά και απομονωθεί από τη μητέρα του. Και στις δύο περιπτώσεις υπάρχουν συγκεκριμένες και μόνιμες συνέπειες οι οποίες διαταράσσουν την ικανότητα των ενηλίκων να συνδεθούν με τον/την σύντροφο και με τους απογόνους τους. (Aykroyd, 1974· Garcia & Escudero, 1982· Prescott, Read & Coursin, 1975.)

3) Προσδιορίστηκε πλήθος από άλλους τραυματικούς παράγοντες που σχετίζονται με τη σκληρή ζωή στην έρημο και στις περιοχές όπου επικρατεί ξηρασία. Σημαντικότατο παράδειγμα είναι η χρήση από τους μεταναστεύοντες λαούς της Κεντρικής Ασίας ενός περιοριστικού σάκου ράχης για τη μεταφορά του βρέφους που λειτούργησε ως κρανιακός σφικτήρας, και τελικά φαίνεται ότι ακούσια οδήγησε στο διπλό τραύμα της κρανιακής παραμόρφωσης και του φασκιώματος. Η παραμόρφωση του κρανίου των βρεφών ως κοινωνικός θεσμός εξαφανίστηκε σταδιακά περίπου στις αρχές του εικοστού αιώνα, αλλά το φάσκιωμα συνεχίζεται ακόμα και στις μέρες μας στις ίδιες γενικά περιοχές. Φυσιολογικά, ένα βρέφος που υποβάλλεται σε τόσο επώδυνο περιορισμό παλεύει να ελευθερωθεί και θα κλάψει δυνατά, για να τραβήξει αμέσως την προσοχή των ανθρώπων που το προσέχουν. Υποθέτω, όμως, ότι δεν θα γίνει το ίδιο με τα υποσιτισμένα παιδιά, τα δεμένα με ιμάντες σε σάκο ράχης που περιορίζει το σώμα τους (πολλές φορές συνθλίβει και το κεφάλι), εν μέσω μιας μεγάλης πορείας κατά τη διάρκεια έντονης ξηρασίας. Σε ακραίες συνθήκες ξηρασίας και ασιτίας, εκείνοι που φροντίζουν τα παιδιά, είναι λογικό να τα φροντίζουν λιγότερο, να μην διατηρούν επαφή μαζί τους και να είναι λιγότερο πρόθυμοι να σταματούν συνέχεια για να καθησυχάζουν ένα παιδί που πονά λόγω των ιμάντων που παραμορφώνουν το κρανίο του. Καθώς η ερημοποίηση της Κεντρικής Ασίας εντεινόταν, η μετανάστευση από περιοχή σε περιοχή καθιερώθηκε ως ο μόνος τρόπος ζωής. Από τα αρχαιολογικά ευρήματα φαίνεται ότι οι κρανιακές παραμορφώσεις και το φάσκιωμα σύντομα θεσμοθετήθηκαν και έγιναν τμήμα της ανατροφής των παιδιών σε εκείνες τις περιοχές. (DeMeo, 1986, σελ. 142-152· Dingwall, 1931· Gorer & Rickman, 1962.) Πράγματι, οι επώδυνες κρανιακές παραμορφώσεις και το φάσκιωμα είναι σημεία αναφοράς και αγαπητά κοινωνικά έθιμα αυτών των λαών, και διατηρήθηκαν ακόμα και αφού εγκατέλειψαν τη νομαδική ζωή για κάτι πιο μόνιμο. Άλλοι σημαντικοί κοινωνικοί θεσμοί, όπως οι ακρωτηριασμοί των αντρικών και των γυναικείων γεννητικών οργάνων (περιτομή, κλειτοριδεκτομή, infibulation[1]), βρέθηκε ότι είναι γεωγραφικά εντοπισμένοι και έχουν την αρχαιότερη προέλευσή τους στη μεγάλη ερημική ζώνη του Παλαιού Κόσμου, αν και οι λόγοι που συνέβη αυτό δεν είναι τόσο σαφείς.

---

1 ΣΤΜ: Σχεδόν ολική συρραφή εξωτερικών χειλέων των γυναικείων γεννητικών οργάνων, στην οποία αφήνουν ένα μικρό άνοιγμα για τα ούρα και την έμμηνο ρύση.

ΣΥΓΚΡΙΣΗ ΦΥΣΙΟΛΟΓΙΚΩΝ ΒΡΕΦΩΝ ΜΕ ΒΡΕΦΗ ΣΕ ΚΑΤΑΣΤΑΣΗ ΜΑΡΑΣΜΟΥ

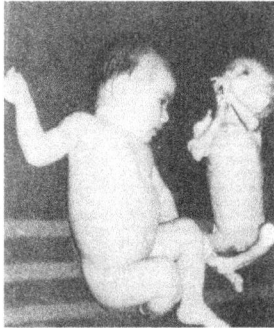

Το βρέφος στα δεξιά είναι επτά μηνών, ευρισκόμενο σε κατάσταση μαρασμού. Το βρέφος αριστερά είναι πέντε μηνών, υγιές. Παρατίθεται με την άδεια του F. Monckenberg (στο Prescott, et.al. 1975).

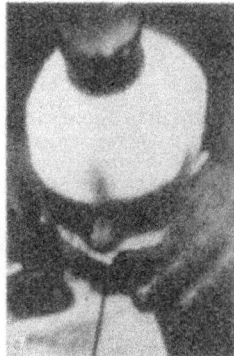

Διαφανοσκόπηση κρανίου φυσιολογικού (αριστερά), υποσιτισμένου (κέντρο) και σε κατάσταση μαρασμού-λιμοκτονούντος βρέφους (δεξιά). Το κρανίο φωτίζεται ανάλογα με το μέγεθος του πλήρους με υγρό χώρου μεταξύ εγκεφάλου και κρανίου. Ένα καλά σιτισμένο βρέφος έχει καλά ανεπτυγμένο εγκέφαλο, με ελάχιστο χώρο και υγρό μεταξύ εγκεφάλου και κρανίου. Δεν ισχύει το ίδιο με ένα βρέφος που υποσιτίζεται ή λιμοκτονεί. Παρατίθεται με την άδεια του F. Monckenberg (στο Prescott, et.al. 1975)

65

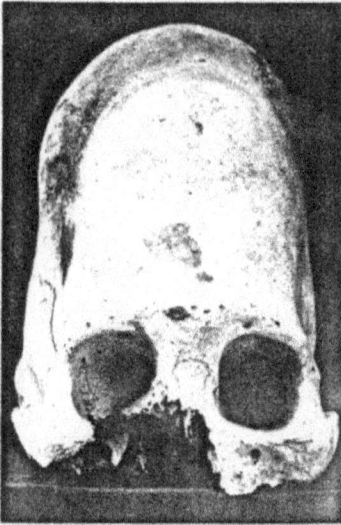

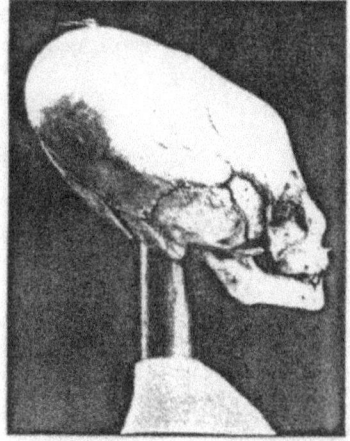

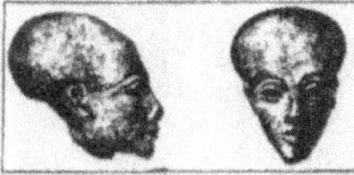

*Οι φωτογραφίες παραμορφω-
μένων κρανίων προέρχονται
από την εργασία του Ντίν-
γκγουολ (1931)*

Το φάσκιωμα και η βίαιη παραμόρφωση των κρανίων είναι συμπληρωματικές πρακτικές, και πρωτοεμφανίστηκαν στην Κεντρική Ασία παράλληλα με τη χρήση του σάκου ράχης από τους νομαδικούς λαούς. Η παραμόρφωση των κρανίων σιγά-σιγά εγκαλείφθηκε, αλλά το φάσκιωμα παρέμεινε και συνεχίζεται στις περισσότερες περιοχές που επηρεάστηκαν από τέτοιους λαούς.

Σχέδιο φασκιωμένου βρέφους της Ντέμπορα Καρίνο, βασισμένο σε φωτογραφία του Ντιν Κόνγκερ.

ΣΗΜΕΙΩΣΗ: *Οι χάρτες που ακολουθούν στις σελίδες 68-70 έχουν σχεδιαστεί βάσει στοιχείων που προέρχονται από αυτόχθονες, ιθαγενείς λαούς, οι οποίοι βρίσκονται σε επίπεδο οριακής επιβίωσης. Στη Βόρεια, στη Νότια Αμερική και στην Ωκεανία, τα στοιχεία αυτά αντικατοπτρίζουν τις συνθήκες που επικρατούσαν πριν την άφιξη των Ευρωπαίων αποίκων.*

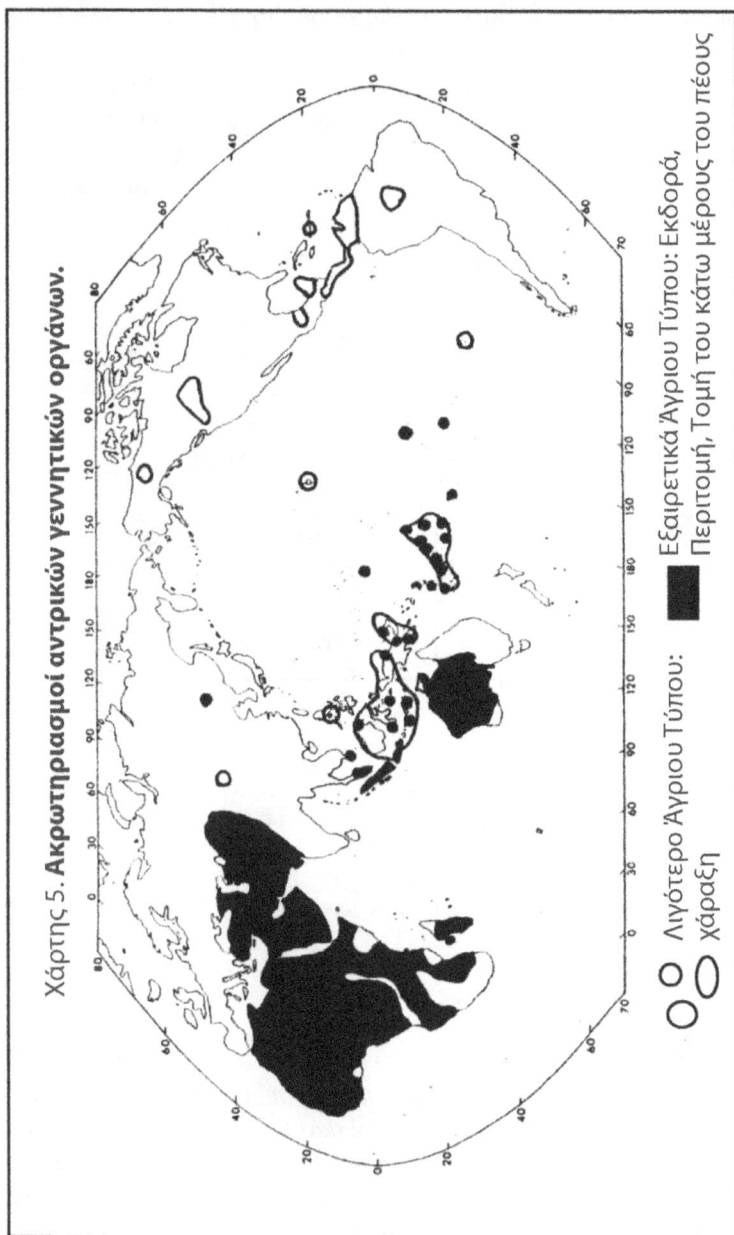

Χάρτης 5. **Ακρωτηριασμοί αντρικών γεννητικών οργάνων.**

○○ Λιγότερο Άγριου Τύπου: χάραξη

⬛ Εξαιρετικά Άγριου Τύπου: Εκδορά, Περιτομή, Τομή του κάτω μέρους του πέους

Από στοιχεία των Μέρντοκ (1967) και Μόνταγκιου (1945, 1946).

68

Χάρτης 6: **Ακρωτηριασμοί γυναικείων γεννητικών οργάνων.**

Υπάρχουν, αλλά ασαφούς μορφής.

Άγριου Τύπου: Κλειτοριδεκτομή, Εκτομή

Εξαιρετικά Άγριου Τύπου: Infibulation.

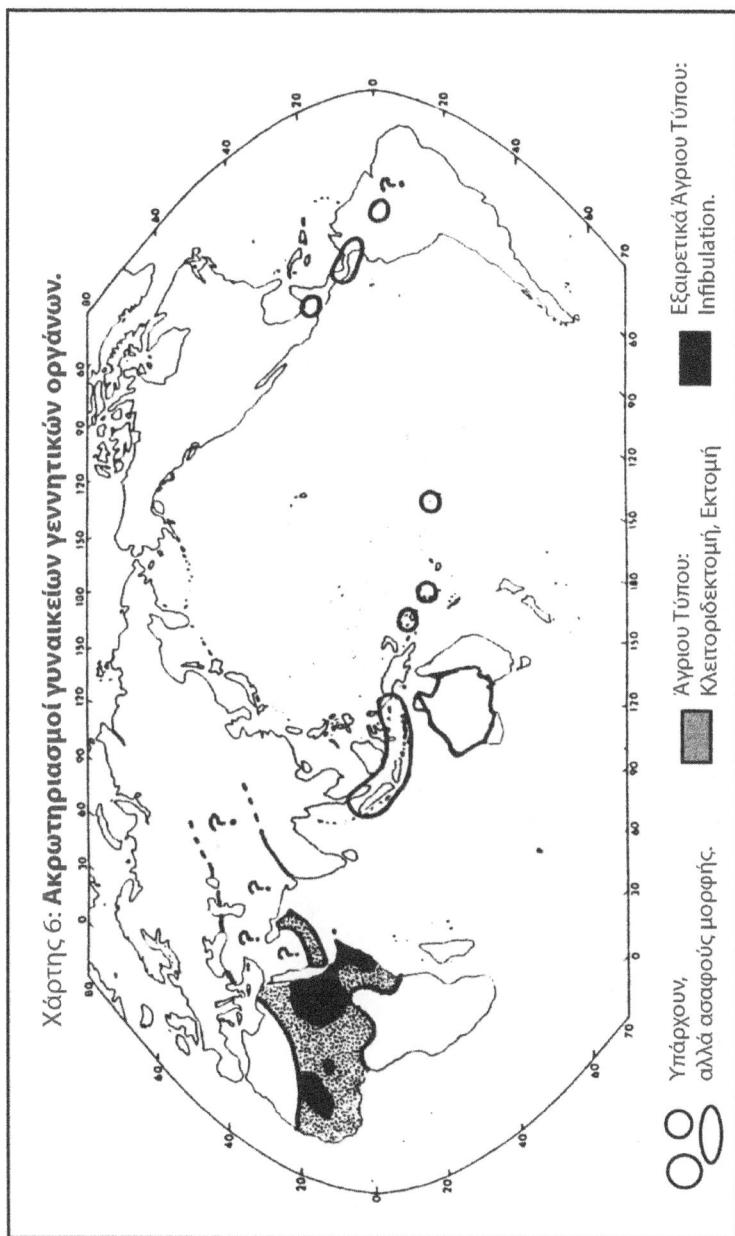

Από στοιχεία των Χόσκεν (1979) και Μόνταγκιου (1945, 1946).

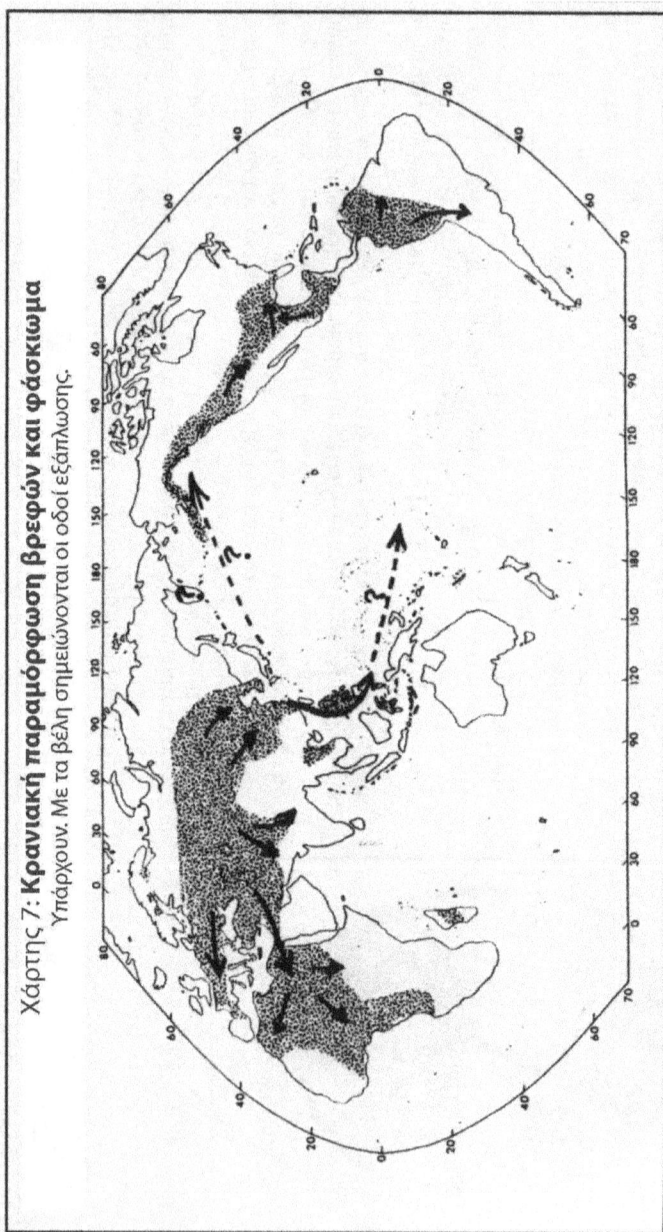

Χάρτης 7: **Κρανιακή παραμόρφωση βρεφών και φάσκιωμα**
Υπάρχουν. Με τα βέλη σημειώνονται οι οδοί εξάπλωσης.

Από τα δεδομένα του Ντίνγκγουολ (1931).

Καθώς κατέληγα στα παραπάνω συμπεράσματα, γινόταν όλο και πιο φανερό ότι οι πρώιμοι μητριστικοί κοινωνικοί δεσμοί πρέπει πρώτα να καταστράφηκαν στους λαούς που βρίσκονταν σε οριακό επίπεδο επιβίωσης και επέζησαν από τις έντονες μακροχρόνιες ξηρασίες, από την ερημοποίηση και από την παρατεταμένη ασιτία. Με τη σταδιακή διάλυση των κοινωνικών δεσμών μεταξύ βρέφους-μητέρας και άντρα-γυναίκας, που διαιωνιζόταν από τη μια γενιά στην άλλη λόγω της υπερβολικής λειψυδρίας, του υποσιτισμού, της λιμοκτονίας και των αναγκαστικών μεταναστεύσεων, πρέπει να προέκυψε η ανάπτυξη και ενίσχυση πατριστικών στάσεων, συμπεριφορών και κοινωνικών θεσμών, οι οποίοι αντικατέστησαν τους παλαιότερους μητριστικούς. Δηλαδή ο πατρισμός ενσωματώθηκε στη δομή του χαρακτήρα, όπως ακριβώς οι συνθήκες της μεγάλης λειψυδρίας παγιώθηκαν στη χώρα. Και αφού πλέον εδραιώθηκε, ο πατρισμός παρέμεινε στους προσβεβλημένους λαούς, ανεξάρτητα ποιο κλίμα επικράτησε στη συνέχεια ή πόση τροφή ήταν διαθέσιμη, δεδομένου του χαρακτήρα των κοινωνικών θεσμών οι οποίοι επηρεάζουν τη συμπεριφορά και αυτοδιαιωνίζονται. Με αυτόν τον τρόπο, ο πατρισμός εμφανίστηκε —στη συνέχεια— και στις περιοχές όπου υπήρχε αφθονία αγαθών εξαιτίας των επιδρομών νομαδικών, πολεμοχαρών λαών προερχόμενων από γειτονικές ερημοποιημένες περιοχές.

Με βάση όλα τα παραπάνω, διατυπώθηκε η πρόταση να προχωρήσουμε σε μια εκτενή γεωγραφική μελέτη ώστε να ελεγχθεί η ορθότητά τους. Αν δηλαδή υπήρχε μια χαρτογραφημένη, παγκόσμια γεωγραφική συσχέτιση μεταξύ των σκληρών συνθηκών της ερήμου και των ακραίων πατριστικών πολιτισμών, τότε θα μπορούσε να προσδιοριστεί σαφώς ο μηχανισμός έναρξης του πρώτου τραύματος και της καταπίεσης στους αρχαίους πολιτισμούς. Αυτό θα επιβεβαίωνε άμεσα και τη θεωρία της σεξουαλικής οικονομίας του Ράιχ, σύμφωνα με την οποία θεωρείται απαραίτητη η ύπαρξη ενός αρχαϊκού μηχανισμού δημιουργίας τραύματος για να εξηγηθεί η γένεση της θωράκισης. Οι γεωγραφικές συσχετίσεις που προέκυψαν από αυτήν την προσέγγιση ήταν πραγματικά εντυπωσιακές.

Ο ΓΕΩΓΡΑΦΙΚΟΣ ΠΑΡΑΓΟΝΤΑΣ
ΣΤΗΝ ΑΝΘΡΩΠΟΛΟΓΙΑ
ΚΑΙ ΣΤΗΝ ΚΛΙΜΑΤΟΛΟΓΙΑ

Από την προκαταρκτική μελέτη μου περί συμπεριφοράς και κοινωνικών θεσμών σε δείγμα 400 διαφορετικών πολιτισμών ιθαγενών από όλο τον κόσμο, σε οριακό επίπεδο επιβίωσης, αποδεικνύεται ότι οι πλέον ακραία πατριστικοί λαοί έζησαν σε περιβάλλον ερήμου (DeMeo, 1980), αν και υπάρχουν και κάποιες εξαιρέσεις. Από τη συστηματικότερη και αυστηρότερη παγκόσμια ανάλυση που έγινε αργότερα, και συμπεριέλαβε 1.170 διαφορετικούς πολιτισμούς, επιβεβαιώθηκε η συσχέτιση ερήμου-πατρισμού, αλλά επιβεβαιώθηκε επίσης ότι η γενίκευση *δεν* ισχύει για τις ημιάνυδρες ή ακόμα και για τις εξαιρετικά άνυδρες ερήμους αν έχουν περιορισμένο μέγεθος, τόσο ώστε η προμήθεια τροφής και νερού να εξασφαλίζεται μετά από σύντομης διάρκειας ταξίδι. Επιπλέον, οι υγρές περιοχές που γειτόνευαν με τις μεγάλες, εξαιρετικά άνυδρες ερήμους, βρέθηκε να είναι πατριστικού χαρακτήρα, γεγονός που αργότερα εξηγήθηκε από τις αποδεδειγμένες μεταναστεύσεις λαών. (DeMeo, 1986, 1987.) Τα πολιτισμικά στοιχεία που χρησιμοποιήθηκαν γι' αυτήν τη μεταγενέστερη ανάλυση προέρχονται από το βιβλίο *Εθνογραφικός Άτλαντας* του Μέρντοκ (1967), στο οποίο δεν υπήρχαν καθόλου χάρτες, αλλά σχεδόν αποκλειστικά, περιγραφικά στοιχεία σε πίνακες, σχετικά με ιθαγενείς λαούς που ζούσαν στις περιοχές από τις οποίες προέρχονταν. Τα σχετικά στοιχεία για τη Βόρειο και Νότιο Αμερική και την Ωκεανία, ως επί το πλείστον, αντικατόπτριζαν τις συνθήκες ζωής των ιθαγενών πριν την άφιξη των Ευρωπαίων. Τα δεδομένα του Μέρντοκ συγκεντρώθηκαν από εκατοντάδες αξιόπιστες πηγές και δημοσιεύτηκαν μεταξύ 1840 και 1960, έχουν αξιολογηθεί από άλλους ερευνητές, και χρησιμοποιούνται ευρύτατα για να ελεγχθεί η ορθότητα των διαπολιτισμικών θεωριών. Κάθε ένας από τους 1.170 πολιτισμούς αξιολογήθηκε ξεχωριστά (με τη βοήθεια του υπολογιστή) ως προς 15 διαφορετικές παραμέτρους, με τις οποίες προσεγγίστηκε το πρότυπο μητρισμού-πατρισμού που αναφέρθηκε προηγουμένως.[1] Μετά τον υπολογισμό, όσοι πολιτισμοί εμφανίστηκαν να έχουν μεγάλο ποσοστό πατριστικών χαρακτηριστικών βαθμολογήθηκαν, κατ' αναλογία, με μεγάλο βαθμό, ενώ οι πολιτισμοί με μικρό ποσοστό πατριστικών χαρακτηριστικών (δηλαδή με πολλά χαρακτηριστικά μητρισμού) με αναλόγως μικρό βαθμό. Καταγράφηκε το γεωγραφικό πλάτος και μήκος όπου εντοπίζεται κάθε πολιτισμό, και κατόπιν υπολογίστηκε η επί τοις εκατό διασπορά ανά περιοχή και ο μέσος όρος της, όσον αφορά στα πατριστικά χαρακτηριστικά για κάθε περιοχή διαστάσεων 5° x 5° γεωγραφικού πλάτους και μήκους. Από αυτήν τη διαδικασία προέκυψε ο Χάρτης 1, ο «Παγκόσμιος χάρτης συμπεριφοράς». (DeMeo, 1986, Κεφάλαιο 4.)

Οι κατανομές και τα πρότυπα του «Παγκόσμιου χάρτη συμπεριφοράς» υποστηρίζονται από άλλους χάρτες κάθε μιας από τις 15 παραμέτρους που χρησιμοποιήθηκαν για την κατασκευή του, και από χάρτες άλλων σχετικών παραμέτρων (ακρωτηριασμοί γεννητικών οργάνων, παραμόρφωση του κρανίου των βρεφών, φάσκιωμα), οι οποίοι έχουν συμπεριληφθεί στην αρχική διατριβή. (DeMeo, 1986, Κεφάλαιο 5.) Από τον «Παγκόσμιο χάρτη συμπεριφοράς» αποδεικνύεται ότι ο πατρισμός δεν ήταν ούτε καθολικός, ούτε η κατανομή του στη Γη ήταν τυχαία. Οι πολιτισμοί του Παλαιού Κόσμου ήταν σαφώς πιο πατριστικοί από εκείνους της Ωκεανίας ή του Νέου Κόσμου. Επιπλέον, η περιοχή με τον πιο ακραίο πατρισμό στον Παλαιό Κόσμο εντοπίζεται σε μια μεγάλη, συνεχόμενη λωρίδα, που εκτείνεται κατά μήκος της Βόρειας Αφρικής, της Εγγύς (Μέσης) Ανατολής και της Κεντρικής Ασίας. Έχει τεράστια σημασία το γεγονός ότι *η ίδια αυτή γεωγραφική περιοχή περιλαμβάνει την πιο έντονη, εκτεταμένη και υπεράνυδρη έρημο που υπάρχει σήμερα στη Γη.*

---

1 Οι 15 μεταβλητές ήταν: Ταμπού προγαμιαίων ερωτικών σχέσεων για τις γυναίκες, Απομόνωση των αρρένων εφήβων, Ακρωτηριασμοί των αντρικών γεννητικών οργάνων, Αγορά νύφης, Οικογενειακή οργάνωση, Κατοικία μετά τον γάμο, Ταμπού ερωτικών σχέσεων κατά τη λοχεία, ομάδες συγγενών με βάση και τους δύο γονείς (cognates), Καταγωγή, Κληρονομιά ακίνητης περιουσίας, Κληρονομιά κινητής περιουσίας, Ανώτερος Θεός, Διαστρωμάτωση κοινωνικών τάξεων, Διαστρωμάτωση καστών και Δουλεία.

Χάρτης 1. Παγκόσμιος χάρτης συμπεριφοράς.

Για την περίοδο μεταξύ του 1840 και του 1960 περίπου, όπως συγκροτήθηκε από πολιτισμικά δεδομένα ιθαγενών λαών προερχόμενα από το βιβλίο Εθνογραφικός Άτλαντας, του Μέρντοκ (1967), σε συνδυασμό με κάποια ιστορικά στοιχεία.

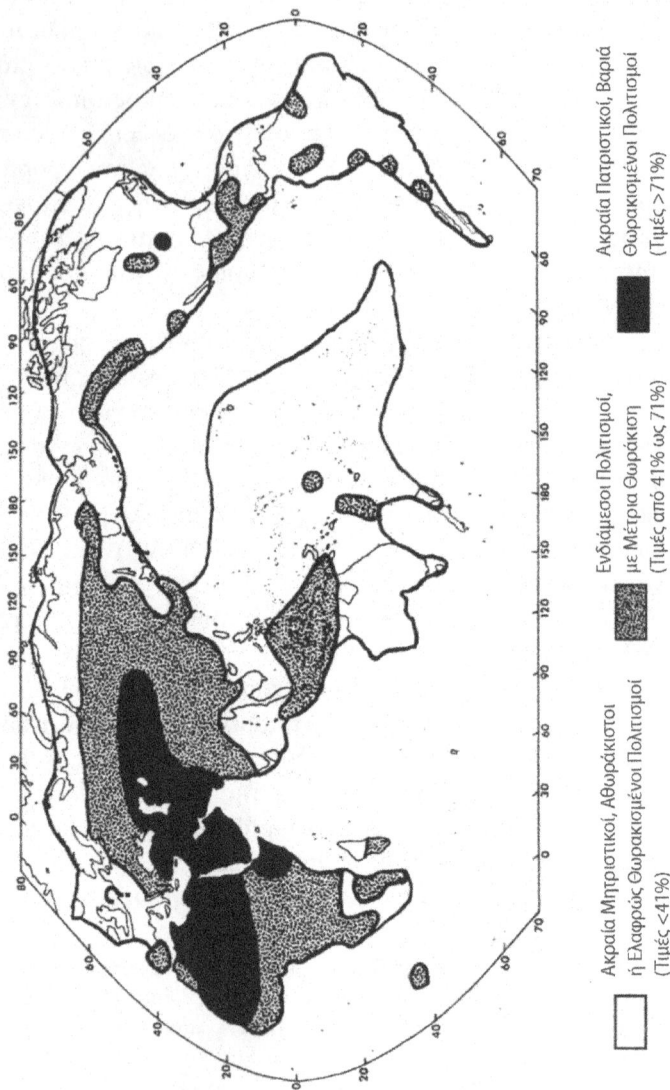

Ακραία Μητριστικοί, Αθωράκιστοι
ή Ελαφρώς Θωρακισμένοι Πολιτισμοί
(Τιμές <41%)

Ενδιάμεσοι Πολιτισμοί,
με Μέτρια Θωράκιση
(Τιμές από 41% ως 71%)

Ακραία Πατριστικοί, Βαριά
Θωρακισμένοι Πολιτισμοί
(Τιμές >71%)

Οι κατανομές των περιοχών όπου επικρατούν συνθήκες ερήμου όπως απεικονίζονται στος περιβαλλοντικούς χάρτες μοιάζουν πολύ με τις κατανομές του ακραίου πατρισμού του «Παγκόσμιου χάρτη συμπεριφοράς». Για παράδειγμα, στον Χάρτη 2 καταγράφονται οι περιοχές με το πιο υπεράνυδρο ερημικό περιβάλλον, όπως προσδιορίζεται από τον δείκτη ξηρασίας των Budyko-Lettau. (Budyko, 1958· Hare, 1977.) Με τον δείκτη αυτόν συγκρίνεται η ποσότητα της ενέργειας εξάτμισης σε ένα δεδομένο περιβάλλον, με την ποσότητα των ατμοσφαιρικών κατακρημνίσεων. Είναι ένας πολύ πιο ευαίσθητος δείκτης καταπόνησης (στρες) ενός άνυδρου περιβάλλοντος, σε σχέση με όσους χρησιμοποιούνται στα πιο καθιερωμένα συστήματα ταξινόμησης κλίματος, οι οποίοι μπορούν να παρασύρουν τον μελετητή και να τον κάνουν να θεωρήσει ότι κάθε περιβάλλον «ερήμου» είναι πανομοιότυπο. Από χάρτες στους οποίους καταγράφεται η κατανομή άλλου είδους στρεσογόνων παραγόντων σε ακραία περιβάλλοντα, όπως η μέγιστη μεταβλητότητα κατακρημνίσεων, οι μέσες μηνιαίες τιμές της υψηλότερης ημερήσιας θερμοκρασίας, οι περιοχές χωρίς βλάστηση, οι περιοχές που έχουν ελάχιστη δυνατότητα συγκράτησης βρόχινων υδάτων, οι περιοχές ερημικών εδαφών και οι ακατοίκητες περιοχές, σχεδόν ταυτίζεται με την κατανομή του ακραίου πατρισμού και της ερήμου στην ίδια περιοχή. (DeMeo, 1986, Κεφάλαιο 2· DeMeo, 1987.) Αυτήν την εκτεταμένη περιοχή στην οποία συνδυάζεται η ακραία ξηρασία με τα ακραία στοιχεία πολιτισμού λόγω της γεωγραφικής θέσης της, την ονόμασα *Σαχαρασία*.

Χάρτης 2: Δείκτης Ξηρασίας Budyko-Lettau:

Πρόκειται για την αντιπαραβολή της σχετικής ξηρασίας διαφόρων άνυδρων περιοχών ανά τον κόσμο. Οι τιμές εκφράζουν την αναλογία μεταξύ κατακρήμνισης και ενέργειας εξάτμισης. Οι περιοχές με τιμή 2 δέχονται διπλάσια ηλιακή θερμότητα εξάτμισης σε σύγκριση με την εκ κατακρημνίσεως υγρασία, ενώ οι περιοχές με τιμή 10 δέχονται δεκαπλάσια.

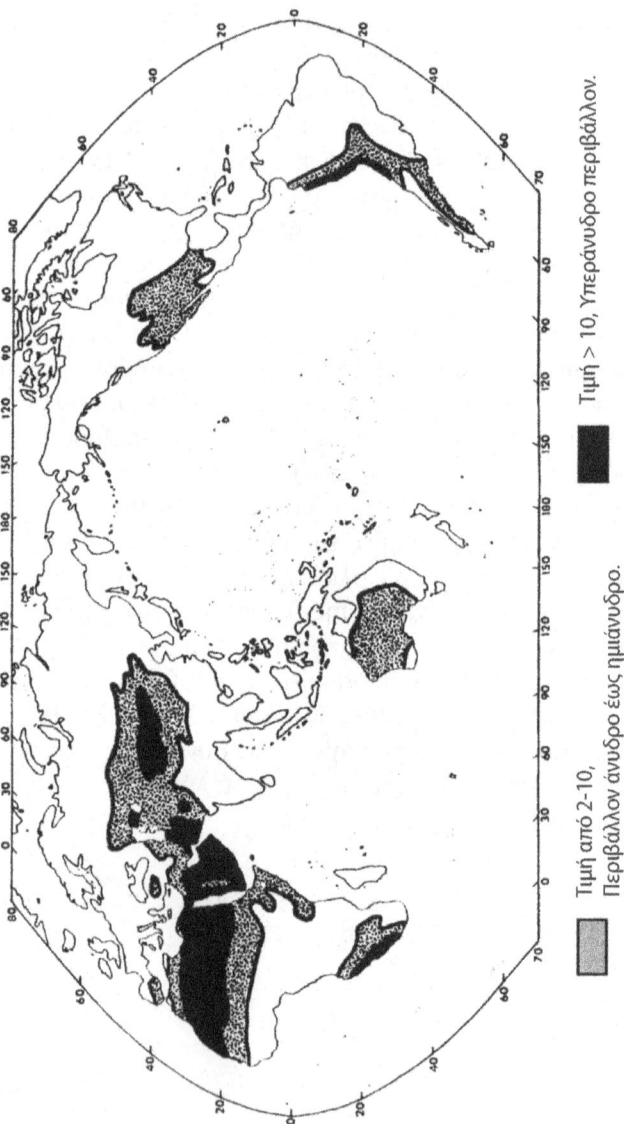

Τιμή από 2-10,
Περιβάλλον άνυδρο έως ημιάνυδρο.

Τιμή > 10, Υπεράνυδρο περιβάλλον.

Ο ΓΕΩΓΡΑΦΙΚΟΣ ΠΑΡΑΓΟΝΤΑΣ ΣΤΗΝ ΑΡΧΑΙΟΛΟΓΙΑ ΚΑΙ ΣΤΗΝ ΙΣΤΟΡΙΑ

Από την κατανομή στον «Παγκόσμιο χάρτη συμπεριφοράς» υποδηλώνεται σαφώς ότι ο πατρισμός αναπτύχθηκε εντός των ορίων της Σαχαρασίας, πιθανώς άπαξ κάποια στιγμή κατά την αρχαιότητα και, στη συνέχεια, μεταφέρθηκε από μεταναστεύοντες λαούς επηρεάζοντας τις γειτονικές, περισσότερο υγρές περιοχές. Ο έλεγχος αυτής της υπόθεσης που αφορά στη συμπεριφορά, στη μετανάστευση και στο κλίμα κατά την αρχαία εποχή, κατέστησε αναγκαία τη δημιουργία μιας νέας βάσης δεδομένων με πληροφορίες που να αφορούν στις κλιματολογικές συνθήκες της αρχαιότητας, στις μεταναστεύσεις των λαών, στους κοινωνικούς παράγοντες του παρελθόντος τους σχετικούς με τη μεταχείριση των βρεφών, των παιδιών και των γυναικών, και στις τάσεις προς την αντρική κυριαρχία, τον δεσποτισμό, τη σαδιστική βία και τις εχθροπραξίες. Η νέα αυτή βάση δημιουργήθηκε με περισσότερες από 10.000 διαφορετικές καρτέλες δεδομένων και με βασικές παραμέτρους τον τόπο και τον χρόνο. Σε κάθε καρτέλα υπήρχαν πληροφορίες από την αρχαιολογική και την ιστορική βιβλιογραφία, για τα τεχνουργήματα και/ή τις οικολογικές συνθήκες συγκεκριμένων τοποθεσιών ή περιοχών σε συγκεκριμένες εποχές. Η εισαγωγή στοιχείων για αυτήν τη βάση δεδομένων στηρίχθηκε σε περισσότερες από 100 έγκυρες πηγές, γεγονός που έκανε εφικτό τον προσδιορισμό και τη σύγκριση των συνθηκών που επικρατούσαν στην αρχαιότητα σε εκτεταμένες γεωγραφικές περιοχές και για τις ίδιες περίπου χρονικές περιόδους. Με αυτόν τον τρόπο προσδιορίστηκε ο χρόνος και ο τόπος που έλαβε χώρα κάθε μεγάλη οικολογική και πολιτισμική μεταβατική κατάσταση, όπως και οι μεταναστεύσεις και τα πρότυπα εγκατάστασης των λαών. Η έρευνά μου επικεντρώθηκε κυρίως στη Σαχαρασία και στις πιο υγρές γειτονικές της περιοχές της Αφρικής, της Ευρώπης και της Ασίας, αλλά σημαντικός όγκος δεδομένων συγκεντρώθηκε και για την Ωκεανία και για τον Νέο Κόσμο. (DeMeo, 1985, Κεφάλαια 6 & 7 του 1986.)

Από τις κατανομές και τους συσχετισμούς που παρατηρήθηκαν σε αυτήν τη βάση δεδομένων, κατόρθωσα να επιβεβαιώσω την υπόθεση ότι ο πατρισμός αναπτύχθηκε για πρώτη φορά και πολύ νωρίς στη Σαχαρασία, την ίδια εποχή που το τοπίο υπέστη τεράστιου μεγέθους οικολογική μετάβαση, από σχετικά υγρές σε άνυδρες συνθήκες ερήμου.

Από τα στοιχεία δεκάδων αρχαιολογικών και παλαιοκλιματικών μελετών φαίνεται ότι η μεγάλη ερημική ζώνη που αποτελεί σήμερα τη Σαχαρασία, ήταν πριν το 4000-3000 ΠΤΕ μια σαβάνα με βοσκοτόπους, καλυμμένη κατά το ήμισυ από δάση. Υπήρχε πανίδα αποτελούμενη από ζώα διαφόρων μεγεθών, όπως ελέφαντες, καμηλοπαρδάλεις, ρινόκεροι και γαζέλες, τα οποία ζούσαν στα ηπειρωτικά λιβάδια, ενώ ιπποπόταμοι, κροκόδειλοι, ψάρια, σαλιγκάρια και μαλάκια αφθονούσαν στα ρυάκια, στα ποτάμια και στις λίμνες. Σήμερα, το μεγαλύτερο μέρος της ίδια έκτασης στη Βόρεια Αφρική, στη Μέση Ανατολή και στην Κεντρική Ασία είναι υπεράνυδρο και συχνά χωρίς καθόλου βλάστηση. Ορισμένες από τις άνυδρες σήμερα λεκάνες της Σαχαρασίας ήταν τότε γεμάτες νερό σε βάθος δεκάδων ως εκατοντάδων μέτρων, ενώ στα φαράγγια και στις ρεματιές έρεαν μικρότερα ή μεγαλύτερα ποτάμια που είχαν όλο το χρόνο νερό. (DeMeo, 1986, Κεφάλαιο 6.)

Τι γνωρίζουμε, όμως, για τους λαούς που κατοικούσαν στη Σαχαρασία κατά τη διάρκεια εκείνων των πιο υγρών εποχών της αφθονίας; Τα στοιχεία είναι σαφή και σε αυτό το σημείο: *Ήταν λαοί ειρηνικοί, αθωράκιστοι και με μητριστικό χαρακτήρα.* Πράγματι, *δεν υπάρχει κανένα σαφές, αδιάσειστο ή αναμφισβήτητο στοιχείο που να πιστοποιεί την ύπαρξη πατρισμού οπουδήποτε στη Γη πριν από το 4000 ΠΤΕ.* Στα αρχαιολογικά αρχεία δεν υπάρχουν παρά ελάχιστα παραδείγματα απομονωμένων περιοχών, τα οποία αναφέρονται και επεξηγούνται από τα περί Σαχαρασίας ευρήματά μου, στο νέο άρθρο μου με τίτλο «Update on Saharasia» (Το κείμενο αυτό υπάρχει στον παρόντα τόμο, σελ. 92). Από την άλλη μεριά, υπάρχουν ισχυρές ενδείξεις που πιστοποιούν την ύπαρξη παλαιών μητριστικών κοινωνικών συνθηκών. Τα συμπεράσματα αυτά βασίζονται, εν μέρει, στην *παρουσία* ορισμένων τεχνουργημάτων από εκείνους τους πρώτους

78

χρόνους, στα οποία περιλαμβάνεται: η προσεκτική και με ευαισθησία ταφή των νεκρών, ανεξαρτήτως φύλου και με σχετικά ισοδύναμο ταφικό πλούτο· αγάλματα γυναικών με ρεαλιστική απεικόνιση της σεξουαλικότητας και νατουραλιστικά, ευαίσθητα καλλιτεχνήματα σε πέτρινους τοίχους και σε αγγεία με έμφαση στις γυναίκες, στα παιδιά, στη μουσική, στον χορό, στα ζώα και στο κυνήγι. Στους μετέπειτα αιώνες, ορισμένοι από αυτούς τους ειρηνικούς μητριστικούς λαούς προόδευαν τεχνολογικά και δημιουργούσαν μεγάλα, ανοχύρωτα αγροτικά και/ή εμπορικά κράτη, ιδίως στην Κρήτη, στην κοιλάδα του Ινδού ποταμού και στη Σοβιετική Κεντρική Ασία. Το συμπέρασμα περί κυριαρχίας του μητρισμού σε εκείνους τους πρώτους χρόνους προκύπτει επίσης από την *απουσία* αρχαιολογικών ενδείξεων που να υποδηλώνουν χάος, εχθροπραξίες, σαδισμό και βαρβαρότητα, ενδείξεις που είναι εξαιρετικά εμφανείς σε πιο πρόσφατα στρώματα, που αντιστοιχούν στην εποχή μετά την ξήρανση της Σαχαρασίας και αποκαλύπτονται από την αρχαιολογική σκαπάνη. Σε αυτές τις μεταγενέστερες αρχαιολογικές ενδείξεις περιλαμβάνονται: πολεμικά όπλα, καταυλισμοί που υποδηλώνουν κάποια καταστροφή, ισχυρές οχυρώσεις, ναοί, τύμβοι αφιερωμένοι σε μεγάλους άντρες-ηγέτες, παραμόρφωση του κρανίου των βρεφών, τελετουργική δολοφονία γυναικών σε τύμβους ή τάφους ως επί το πλείστον γηραιότερων αντρών, τελετουργικές θυσίες παιδιών σε θεμέλια οικημάτων, μαζικοί τάφοι με ακρωτηριασμένα πτώματα πεταμένα όπως-όπως, κοινωνική διαστρωμάτωση (κάστες), δουλεία, αυστηρότατη κοινωνική ιεραρχία, πολυγαμία και ύπαρξη παλλακίδων, όπως καταλαβαίνουμε από την αρχιτεκτονική, τα ταφικά δώρα και τα υπόλοιπα νεκρικά έθιμα. Η μορφή και η θεματολογία της καλλιτεχνικής δημιουργίας στις μεταγενέστερα άνδρες περιόδους αλλάζει επίσης, και η έμφαση μεταφέρεται σε έφιππους πολεμιστές, άλογα, άρματα, μάχες και καμήλες. Οι απεικονίσεις γυναικών, παιδιών και οι σκηνές από την καθημερινή ζωή εξαφανίζονται. Τα νατουραλιστικά αγάλματα γυναικών και οι καλλιτεχνικές δημιουργίες γίνονται ταυτοχρόνως αφηρημένα, μη ρεαλιστικά, ή ακόμα και άγρια, χάνοντας την προηγούμενη ευγενική, καλλιεργημένη ή ερωτική ποιότητά τους, ή εξαφανίζονται τελείως, για να αντικατασταθούν από αγάλματα αρσενικών θεών ή βασιλέων-θεών. Η ποιότητα της τέχνης όπως και η αρχιτεκτονική τεχνοτροπία στον χώρο του Παλαιού Κόσμου φθίνει στα χρόνια αυτά, και στα επόμενα ακολουθούνται μνημειακά, πολεμικά και φαλλικά πρότυπα. (DeMeo, 1986, Κεφάλαια 6 & 7.) Φυσικά, δεν ήμουν ο πρώτος που παρατήρησε την ύπαρξη πολιτισμικών μεταβάσεων στα αρχαιολογικά και ιστορικά αρχεία, ή που διαπίστωσε τις σοβαρές επιπτώσεις των περιβαλλοντικών αλλαγών στον πολιτισμό.[1] Ωστόσο, η εργασία μου ήταν η πρώτη που εξέτασε το ζήτημα σε παγκόσμια κλίμακα, έγινε με συστηματικό τρόπο και εξειδικεύθηκε χρονικά και τοπικά.

Λιθογραφίες από τη Βόρεια Αφρική

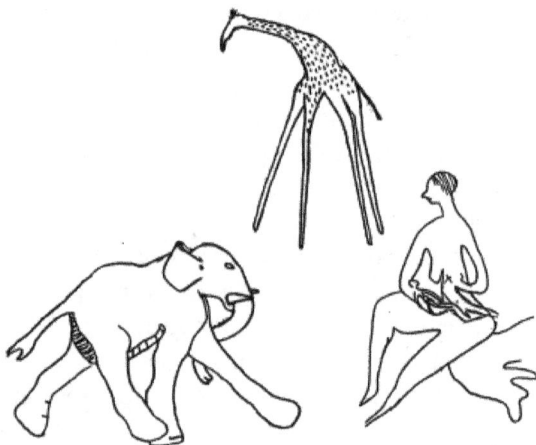

Υγρή νεολιθική περίοδος με κυνηγούς και τροφοσυλλέκτες π. 7.000 ΠΤΕ.

1 Δεν θα ήταν δυνατόν να υλοποιηθεί η μελέτη μου χωρίς τις προηγούμενες εξαιρετικές εργασίες πολλών άλλων επιστημόνων. Εκτός από την εργασία του Ράιχ, οι ιδέες μου σχετικά με τους περιβαλλοντικούς και με τους πολιτισμικούς μετασχηματισμούς βασίστηκαν πολύ στις προηγούμενες εργασίες των Bell (1971), Gimbutas (1965), Huntington (1907, 1911), Stone (1976) και Velikovsky (1950, 1984), αν και αναλαμβάνω πλήρως την ευθύνη για τα συμπεράσματα και για τους χάρτες που παρουσιάζονται εδώ.

Υγρή νεολιθική κτηνοτροφική περίοδος π. 5000 ΠΤΕ.

Άνυδρη εποχή του χαλκού, περίοδος πολέμων, αλόγων, αρμάτων, καμηλών, π. 2000-500 ΠΤΕ.

Με λίγες ειδικές εξαιρέσεις, τα πρώτα και πιο πρώιμα ευρήματα που υποδηλώνουν χαοτικές κοινωνικές συνθήκες και πατρισμό στη Γη βρίσκονται σε εκείνα τα τμήματα της Σαχαρασίας που άρχισαν να στεγνώνουν πρώτα, δηλαδή, εντός ή πολύ κοντά στην Αραβία και στην Κεντρική Ασία. Οι ειδικές εξαιρέσεις είναι τοποθεσίες της Μικράς Ασίας ή της Μέσης Ανατολής, στις οποίες εντοπίζονται κάποιες αδύναμες ενδείξεις που δείχνουν ότι ένας ιδιαίτερα περιορισμένος πατρισμός ενδεχομένως να υπήρξε γύρω στο 5000 ΠΤΕ, αλλά οι ενδείξεις αυτές συνυπάρχουν με άλλες που δείχνουν ότι στις συγκεκριμένες περιοχές υπήρξε και μια πρώιμη υποπερίοδος ξηρασίας, και η συνακόλουθη τάση προς τη μετανάστευση και προς τη νομαδική κτηνοτροφία. Ενώ λοιπόν μοιάζουν εξαιρέσεις φαίνεται ότι επιβεβαιώνουν τον κανόνα: Η έντονη ερημοποίηση και το τραύμα της ασιτίας διατάραξαν σε μεγάλο βαθμό τον αρχικό μητριστικό κοινωνικό ιστό, και προώθησαν την ανάπτυξη πατριστικών συμπεριφορών και πατριστικών κοινωνικών θεσμών. Ο πατρισμός, με τη σειρά του, ενισχύθηκε από την εκτεταμένη εγκατάλειψη της γης, από τις μεταναστευτικές προσαρμογές και από τον ανταγωνισμό για τα λιγοστά αποθέματα νερού.

Η ΓΕΝΕΣΗ ΤΟΥ ΠΑΤΡΙΣΜΟΥ ΣΤΗ ΣΑΧΑΡΑΣΙΑ

Μετά την περίοδο 4000-3500 ΠΤΕ, παρατηρούνται ριζικοί κοινωνικοί μετασχηματισμοί σε ερείπια καταυλισμών που προηγουμένως ήταν ειρηνικοί και μητριστικοί, κατά μήκος των κοιλάδων των ποταμών της Κεντρικής Ασίας, της Μεσοποταμίας και της Βόρειας Αφρικής. Σε όλες ανεξαιρέτως τις περιπτώσεις, οι ενδείξεις που υποδηλώνουν αυξανόμενη ξηρασία και εγκατάλειψη των εδαφών συμπίπτουν με τις μεταναστευτικές πιέσεις που δέχονται οι καταυλισμοί που διέθεταν επαρκή αποθέματα νερού, όπως εκείνοι που βρίσκονταν στις οάσεις ή κοντά σε ποτάμια που είχαν τις πηγές τους σε υγρές περιοχές αλλά διέτρεχαν έρημο. Επίσης, στην Κεντρική Ασία παρουσιάζεται μείωση της στάθμης των υδάτων των λιμνών και των ποταμών, ταυτοχρόνως με την κλιματική αστάθεια και την ανυδρία, γεγονότα που προκάλεσαν την εγκατάλειψη μεγάλων παραλίμνιων ή παραποτάμιων αγροτικών κοινοτήτων.

Καταυλισμοί ευρισκόμενοι κοντά στον Νείλο και κοντά στους Τίγρη και Ευφράτη, όπως και στα πιο υγρά υψίπεδα της Μέσης Ανατολής, της Μικράς Ασίας και του Ιράν, δέχτηκαν εισβολή και κυριεύτηκαν από λαούς που εγκατέλειπαν την Αραβία και/ή την Κεντρική Ασία, οι οποίες συνέχιζαν να αποξηραίνονται. Αμέσως μετά, αναδύθηκαν νέα καθεστώτα δεσποτικού χαρακτήρα. Μετά από μια τέτοιου είδους εισβολή, σχεδόν σε κάθε περίπτωση που μελέτησα, εμφανίζεται αρχιτεκτονική τύμβων, ναών και οχυρώσεων, και υπάρχουν ενδείξεις για τελετουργικές δολοφονίες χήρων γυναικών (π.χ. δολοφονίες μητέρων, που εκτελούνται από τον μεγαλύτερο γιο), παραμορφώσεις κρανίων, έμφαση στο άλογο και την καμήλα, και αύξηση του στρατού. Με την αύξηση της δύναμης αυτών των νέων δεσποτικών καθεστώτων, επεκτείνονται και τα εδάφη τους, μερικές φορές με την κατάκτηση των νομαδικών κτηνοτροφικών φυλών που συνέχιζαν να ζουν στην αποξηραμένη στέπα. Μερικά από αυτά τα καθεστώτα, περιοδικά εισέβαλαν σε υγρές περιοχές που γειτόνευαν με τη Σαχαρασία, πάλι για να επεκτείνουν τα εδάφη τους. Είτε κατακτούσαν τοπικούς λαούς στις υγρές περιοχές ή, αν δεν τα κατάφερναν, προκαλούσαν στους πληθυσμούς αυτούς αλλαγές στον κοινωνικό χαρακτήρα —δεδομένου ότι ήταν αναγκασμένοι να αμυνθούν— οι οποίες παρατηρούνται στις επακόλουθες εμφανίσεις οχυρώσεων, οπλικής τεχνολογίας και ενδιάμεσων σταδίων πατρισμού. Άλλα δεσποτικά καθεστώτα της Σαχαρασίας τελικά εξαφανίστηκαν πλήρως ιστορικά, καθώς η ξηρασία εντάθηκε και χάθηκαν παντελώς οι πόροι τους. (DeMeo, 1985, Κεφάλαιο 6 του 1986.)

83

Η ΕΞΑΠΛΩΣΗ ΤΟΥ ΠΑΤΡΙΣΜΟΥ ΣΤΙΣ ΠΑΡΑΚΕΙΜΕΝΕΣ ΣΤΗ ΣΑΧΑΡΑΣΙΑ ΠΕΡΙΟΧΕΣ

Ο πατρισμός εμφανίστηκε στις πιο υγρές παρακείμενες στη Σαχαρασία περιοχές, αφού και μόνον αφού είχε ήδη αναπτυχθεί εντός του αποξηραμένου πυρήνα της Σαχαρασίας. Καθώς η ανυδρία κατελάμβανε τη Σαχαρασία και καθώς η θωρακισμένη, πατριστική αντίδραση σε αυτήν κατελάμβανε όλο και περισσότερο τους λαούς της Σαχαρασίας, οι μεταναστεύσεις εκτός άνυδρων περιοχών έφερνε αυτούς τους λαούς σε όλο και μεγαλύτερη επαφή με τους πιο ειρηνικούς λαούς των υγρών παρακείμενων στη Σαχαρασία περιοχών. Σταδιακά, οι μεταναστεύσεις εκτός Σαχαρασίας πήραν μορφή μαζικών εισβολών στις πιο γόνιμες γειτονικές περιοχές. Δηλαδή, στις περιοχές αυτές, ο πατρισμός επεκράτησε όχι εξαιτίας της ερημοποίησης ή της ασιτίας, αλλά εξαιτίας της θανάτωσης και αντικατάστασης των αρχικών μητριστικών πληθυσμών από τις πατριστικές ομάδες που εισέβαλαν, ή εξαιτίας της υποχρεωτικής υιοθέτησης των νέων πατριστικών κοινωνικών θεσμών των εισβολέων και κατακτητών. Για παράδειγμα, η Ευρώπη, μετά το 4.000 ΠΤΕ δέχτηκε διαδοχικές εισβολές λαών οπλισμένων με πολεμικά τσεκούρια, όπως οι Κουργκάνοι, οι Σκύθες, οι Σαρμάτες (Σαυρομάτες), οι Ούννοι, οι Άραβες, οι Μογγόλοι και οι Τούρκοι. Κάθε ένας από αυτούς με τη σειρά του, πολέμησε, κατέκτησε, λεηλάτησε και γενικά συνέβαλλε στον μετασχηματισμό της Ευρώπης προς έναν όλο και πιο πατριστικό χαρακτήρα. Οι κοινωνικοί θεσμοί της Ευρώπης προοδευτικά εγκατέλειψαν τον μητρισμό και προσχώρησαν στον πατρισμό, με μόνη τη διαφορά, ότι τα πιο απομακρυσμένα δυτικά τμήματά της, ειδικά η Βρετανία και η Σκανδιναβία, ανέπτυξαν πατριστικές συνθήκες πολύ αργότερα αφενός και ηπιότερου βαθμού αφετέρου, σε σχέση με τη Μεσόγειο ή με την Ανατολική Ευρώπη, οι οποίες επηρεάστηκαν πολύ βαθύτερα από τους λαούς της Σαχαρασίας.

Αλλά και στην άλλη μεριά του Παλαιού Κόσμου, στις υγρές περιοχές της Κίνας, οι ειρηνικές μητριστικές συνθήκες επικρα-

84

τούσαν αντίστοιχα μόνο μέχρι την άφιξη των πρώτων ακραία πατριστικών εισβολέων από την Κεντρική Ασία, των Σανγκ και των Τσου, μετά το 2000 ΠΤΕ. Μετέπειτα εισβολές από τους Ούννους, τους Μογγόλους και άλλους θα ενίσχυαν τον πατρισμό στις περιοχές της Κίνας με το υγρό κλίμα. Ο ιαπωνικός πολιτισμός παρέμεινε μητριστικός λίγο περισσότερο, εφόσον η άφιξη των πρώτων πατριστικών ομάδων εισβολέων, όπως οι Γιαγιόι, από την ηπειρωτική Ασία, συνέβη γύρω στο 1000 ΠΤΕ, λόγω της Θάλασσας της Κίνας και των Στενών της Κορέας που παρεμβάλλονται μεταξύ Ιαπωνίας και Ασίας. Στη Νότια Ασία, οι ειρηνικοί, κατά το πλείστον, μητριστικοί καταυλισμοί και τα, προς το εμπόριο προσανατολισμένα, κράτη της κοιλάδας του Ινδού ποταμού κατέρρευσαν μετά το 1800 ΠΤΕ υπό την πίεση της ανυδρίας και των πατριστικών νομάδων-πολεμιστών εισβολέων από τις άνυδρες περιοχές της Κεντρικής Ασίας. Ο πατρισμός, στη συνέχεια, επεκτάθηκε στην Ινδία, και εντάθηκε τους επόμενους αιώνες από τις εισβολές των Ούννων, των Αράβων και των Μογγόλων, οι οποίοι επίσης ήρθαν από την Κεντρική Ασία. Ο μητρισμός, κυριαρχούσε αντιστοίχως στη Νοτιοανατολική Ασία μέχρι την έναρξη και τη σταδιακή αύξηση των πατριστικών μεταναστεύσεων και των εισβολών —και από τη στεριά και από τη θάλασσα— ομάδων και πληθυσμών από τα πατριστικά βασιλικά καθεστώτα της Κίνας, της Ινδίας, της Αφρικής και των Ισλαμικών περιοχών. Στην Υποσαχάρια Αφρική, από τα διαθέσιμα στοιχεία φαίνεται ότι ο πατρισμός πρωτοεμφανίστηκε με την άφιξη διαφόρων λαών που μετανάστευσαν νότια, την εποχή περίπου που η Βόρεια Αφρική αποξηράνθηκε και εγκαταλείφθηκε. Οι φαραωνικές αιγυπτιακές, καρθαγενικές, ελληνικές, ρωμαϊκές, βυζαντινές, μπαντού, αραβικές, τουρκικές και αποικιοκρατικές ευρωπαϊκές επιρροές, επίσης ενίσχυσαν τον αφρικανικό πατρισμό κατά τα επόμενα χρόνια. (DeMeo, 1985, Κεφάλαιο 6 του 1986.)

Η γεωγραφική κατανομή αυτών των μεταναστεύσεων, των εισβολών και των εποικισμών είναι ιδιαίτερα εντυπωσιακή. Από τα στοιχεία διακρίνονται δύο μεγάλες πατριστικές ζώνες μετά το 4000 ΠΤΕ, η μία στην Αραβία και η άλλη στην Κεντρική Ασία, περιοχές που θα αποτελέσουν τις αντίστοιχες πατρίδες από τις οποίες θα μετανάστευαν οι Σημιτικοί και οι Ινδοάριοι λαοί (Χάρτης 3). Αυτά ήταν τα τμήματα της Σαχαρασίας στα οποία πρωτοεμφανίστηκαν συνθήκες ξηρασίας, ενώ τα υπόλοιπα θα άρχιζαν να αποξηραίνονται και να μετατρέπονται σε πατριστικά, μέσα σε λίγους αιώνες. Μια άλλη ιστορική επισκόπηση των επιδρομών των νομάδων-πολεμιστών της ερήμου φαίνεται στους Χάρτες 9 και 10, στις οποίες καταγράφονται οι περιοχές που καταλήφθηκαν κάποια στιγμή από τους Άραβες και από τους Τούρκους, αντίστοιχα. (Jordan & Rowntree, 1979· Pitcher, 1972) Με τις περιοχές που κατέλαβαν αυτές οι δύο ομάδες, οι οποίες ήταν οι τελευταίες μιας σειράς εισβολέων που ήρθαν από την Αραβία και από την Κεντρική Ασία, και διασκορπίστηκαν προς τις υγρές παρακείμενες περιοχές, περικλείεται πλήρως η έρημος της Σαχαρασίας.

Από αυτά τα γεωγραφικά δεδομένα γίνεται κατανοητό γιατί ο μητρισμός διατηρήθηκε μεγαλύτερο διάστημα στις περιοχές που είναι πιο απομακρυσμένες από τη Σαχαρασία. Στις περιοχές που βρίσκονται στην περιφέρεια της Σαχαρασίας (ειδικά στα νησιά), όπως η Αγγλία, η Κρήτη, η Σκανδιναβία, η Ασιατική Αρκτική, η Νότια Αφρική, η Νότια Ινδία, η Νοτιοανατολική Ασία και η νησιωτική Ασία, παρουσιάζεται καθυστέρηση στην ιστορική γνωριμία ή στην υιοθέτηση του πατρισμού και ανάμειξή του με προϋπάρχοντες αυτόχθονες μητριστικούς κοινωνικούς θεσμούς. Από τις διάφορες πηγές που χρησιμοποιήθηκαν για να κατασκευαστεί η βάση δεδομένων μου, προέκυψε ο Χάρτης 3, στην οποία φαίνεται ο τρόπος εξάπλωσης του πατρισμού στον Παλαιό Κόσμο. Τα βέλη είναι απλώς μια πρώτη προσέγγιση, αλλά συμφωνούν με προηγούμενες μελέτες σχετικά με τη μετανάστευση και την εξάπλωση των λαών. Αυτά τα γεωγραφικά στοιχεία και οι κατανομές, που προέρχονται από τη βιβλιογραφία της αρχαιολογίας και της ιστορίας, υποστηρίζονται από τη σχεδόν πανομοιότυπη γεωγραφική κατανομή πρόσφατων ανθρωπολογικών δεδομένων, όπως περιγράφηκε προηγουμένως στον Χάρτη 1, δηλαδή στον «Παγκόσμιο χάρτη συμπεριφοράς».

Χάρτης 3: Γενικευμένοι οδοί εξάπλωσης του θωρακισμένου ανθρώπινου πολιτισμού (Σύνδρομο πολιτισμικού πατρισμού) στον Παλαιό Κόσμο, για την περίοδο που αρχίζει περίπου το 4000 ΠΤΕ.

1. Πυρήνας Αραβίας

2. Πυρήνας Κεντρικής Ασίας

Χάρτης 9: **Περιοχές που επηρεάστηκαν ή καταλήφθηκαν από αραβικά στρατεύματα μετά το 632 μ.Χ.** (Σύμφωνα με τους Jordan & Rowntree, 1979.)

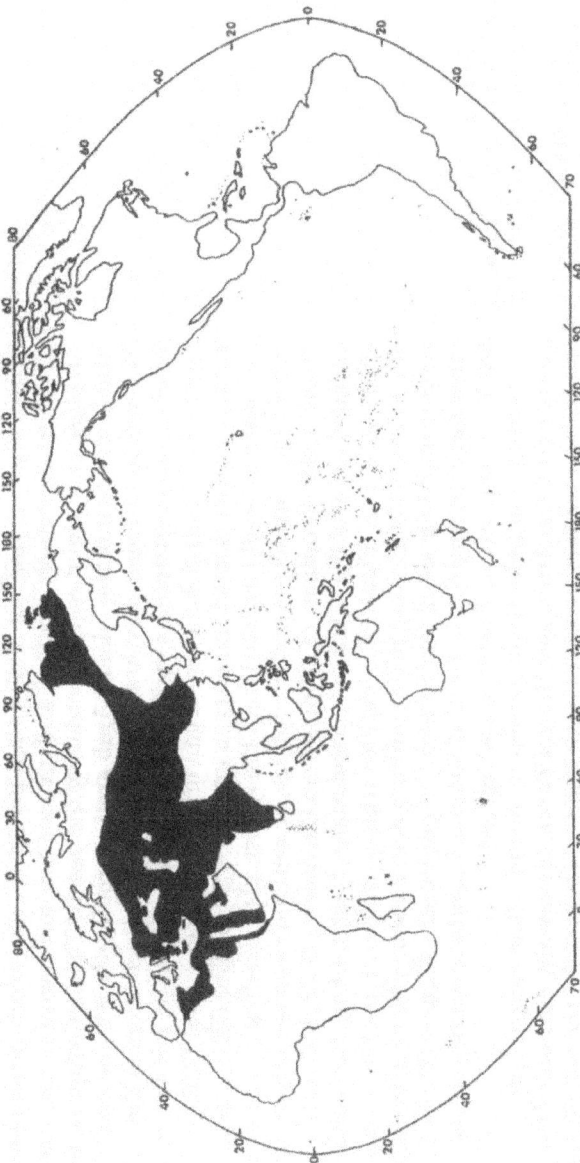

Χάρτης 10: **Περιοχές που επηρεάστηκαν ή καταλήφθηκαν από τουρκικά/μογγολικά στρατεύματα μετά το 540 μ.Χ.** (Σύμφωνα με τον Pitcher, 1972.)

Η ΕΞΑΠΛΩΣΗ ΤΟΥ ΠΑΤΡΙΣΜΟΥ ΣΤΗΝ ΩΚΕΑΝΙΑ ΚΑΙ ΣΤΟΝ ΝΕΟ ΚΟΣΜΟ

Οι παραπάνω παρατηρήσεις που αφορούν στη μετανάστευση των πατριστικών λαών μπορούν να διευρυνθούν ώστε να συμπεριλάβουν και την εξάπλωση του πατρισμού πέρα από τους ωκεανούς, από τον Παλαιό Κόσμο, στην Ωκεανία και ίσως ακόμα και στον Νέο Κόσμο. Ένας χάρτης των προτεινόμενων οδών παρουσιάζεται στον Χάρτη 4, σύμφωνα με τον οποίο δεν υπάρχει άλλη περιοχή από την οποία να προήλθε ο πατρισμός πέραν της Σαχαρασίας. Αυτός ο τελευταίος χάρτης προέκυψε από τους υπόλοιπους που παρουσιάστηκαν παραπάνω, συμπεριλαμβανομένου του «Παγκόσμιου χάρτη συμπεριφοράς» και από άλλες πηγές που παρατίθενται στη διατριβή μου. Είναι σαφές ότι θα χρειαστεί περαιτέρω έρευνα ώστε να επιβεβαιωθούν ή να διασαφηνιστούν οι προτεινόμενες οδοί.

Είναι σημαντικό στοιχείο ότι ο πατρισμός στη Βόρειο και στη Νότιο Αμερική εμφανίζεται στον «Παγκόσμιο χάρτη συμπεριφοράς» πρωτίστως σε λαούς που ζούσαν κατά μήκος των ακτών ή σε λαούς των οποίων οι πρόγονοι ανέπτυξαν τις πρώιμες πατριστικές τους κοινωνίες σε παράκτιες περιοχές. Επιπλέον, είναι σημαντικό ότι οι πρώτοι πατριστικοί λαοί της Αμερικής είναι οι ίδιοι λαοί για τους οποίους άλλοι έχουν υποστηρίξει, βάσει στοιχείων πολιτισμού, τέχνης, ή γλώσσας, ότι σχετίζονται με τα πατριστικά καθεστώτα του Παλαιού Κόσμου που διέπλεαν τους ωκεανούς.[1] Παρ' όλα αυτά, υπάρχει και η πιθανότητα αυτός ο πιο περιορισμένος πατρισμός που εμφανίζεται στην Ωκεανία και στον Νέο Κόσμο, να αναπτύχθηκε βάσει ενός παρόμοιου μη-

---

1 Με το εύρημα αυτό αμφισβητείται ευθέως ο ισχυρισμός ότι όλοι οι προ της έλευσης του Κολόμβου, λαοί του Νέου Κόσμου έφτασαν εκεί μεταναστεύοντας μέσω του Βερίγγειου Πορθμού, κατά τη διάρκεια της εποχής των παγετώνων, πριν το 10.000 ΠΤΕ. Αν ο πατρισμός είχε μεταφερθεί στον Νέο Κόσμο εκείνη την περίοδο, θα είχε κατανεμηθεί πιο ομοιογενώς. Η ποσότητα και η ποιότητα των δεδομένων που υποστηρίζουν την ιδέα των προ του Κολόμβου επαφών έχουν αυξηθεί εντυπωσιακά τα τελευταία χρόνια. Για μια περίληψη αυτών των δεδομένων, βλ. Κεφάλαιο 7 του DeMeo, 1986.

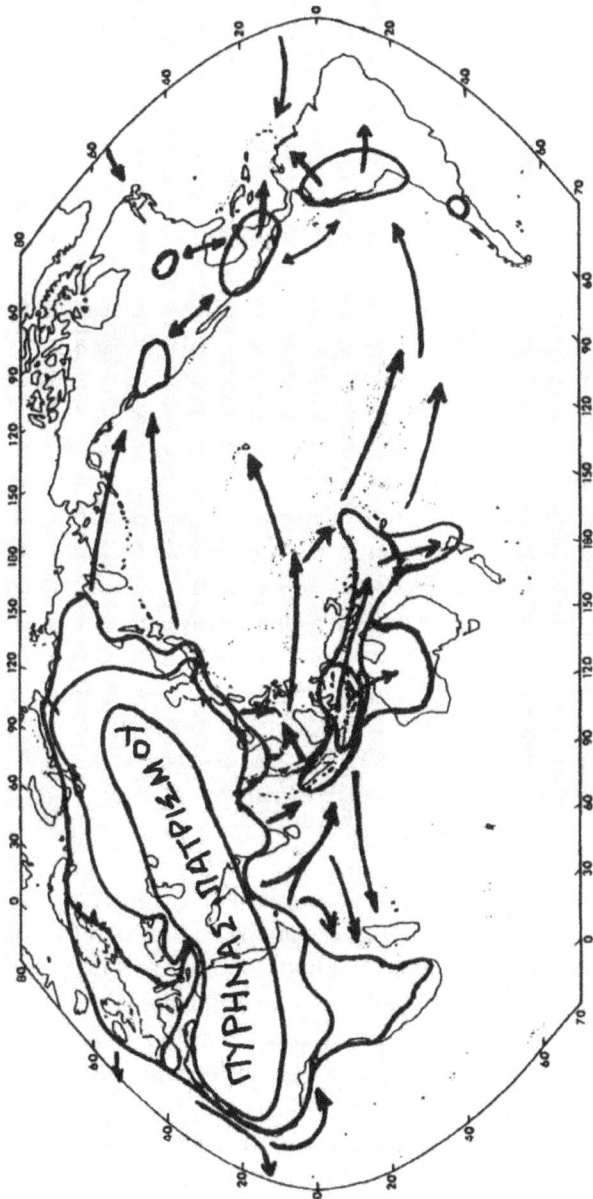

Χάρτης 4: Προτεινόμενοι οδοί εξάπλωσης του πατρισμού ανά τον κόσμο. Πριν από τον Κολόμβο και τις ευρωπαϊκές μεταναστεύσεις.

χανισμού που στηρίζεται στο τρίπτυχο έρημος-ασιτία-μετανάστευση, όπως υποστηρίχθηκε ότι συνέβη στη Σαχαρασία, ενδεχομένως στην έρημο της Αυστραλίας, στη Μεγάλη Λεκάνη της Βόρειας Αμερικής και/ή στην έρημο Ατακάμα. (DeMeo, 1986, Κεφάλαιο 7.)

ΣΥΜΠΕΡΑΣΜΑΤΑ

Η θεωρία της προέλευσης του θωρακισμένου πατρισμού από τη Σαχαρασία, αναπτύχθηκε από τη συστηματική, παγκόσμια επισκόπηση αρχαιολογικών, ιστορικών και ανθρωπολογικών στοιχείων. Η χαρτογράφηση των διαφόρων δεδομένων έγινε σε μια προσπάθεια να κατανοηθεί καλύτερα η γένεση του πατρισμού και να ελεγχθεί η ικανότητα πρόγνωσης των βασικών αρχικών υποθέσεων. Αυτό επιτεύχθηκε μέσω της εξέτασης, από γεωγραφική άποψη, συγκεκριμένων κοινωνικών θεσμών οι οποίοι είτε εμποδίζουν τα βασικά βιολογικά ένστικτα που εκφράζονται από τους δεσμούς μητέρας-βρέφους και άντρα-γυναίκας, ή εμφανίζουν υψηλό επίπεδο αντρικής κυριαρχίας, κοινωνικής ιεραρχίας και καταστροφικής επιθετικότητας. Οι βασικές αρχικές υποθέσεις της παρούσας μελέτης, δηλαδή η θεωρία της σεξουαλικής οικονομίας περί ανθρώπινης συμπεριφοράς, το πρότυπο μητρισμού-πατρισμού και οι αιτιώδεις συνδέσεις μεταξύ ερημοποίησης και πατρισμού, επαληθεύτηκαν και ενισχύθηκαν περισσότερο.

Από τα ευρήματα αυτά υποδεικνύεται ότι τα έμφυτα χαρακτηριστικά συμπεριφοράς αφορούν μόνο στην εξασφάλιση της ηδονής σε προσωπικό και κοινωνικό επίπεδο, έχουν σαφή πλεονεκτήματα για την επιβίωση και την υγεία του αναπτυσσόμενου παιδιού και λειτουργούν υπέρ της προστασίας της κοινωνικής μονάδας. Πρόκειται για μητριστικές συμπεριφορές και κοινωνικούς θεσμούς, που υποστηρίζουν και προστατεύουν τις λειτουργίες που εδραιώνουν τον δεσμό βρέφους-μητέρας, γαλουχούν το παιδί στα διάφορα στάδια της ανάπτυξής του και ενθαρρύνουν και προστατεύουν τους δεσμούς αγάπης και την απολαυστική διέγερση που αναπτύσσονται αυθόρμητα μεταξύ του νεαρού αρσενικού και νεαρού θηλυκού. Από αυτές τις βιολογικές ορμές που στοχεύουν στην εξασφάλιση της ηδονής προκύπτουν άλλες τάσεις κοινωνικής συνεργασίας και κοινωνικοί θεσμοί που προστατεύουν και βελτιώνουν τη ζωή. Αυτές οι ενορμήσεις και οι συμπεριφορές, οι οποίες είναι υπέρ του παιδιού, υπέρ της γυναίκας, θετικές προς τη σεξουαλικότητα και στοχεύουν στην εξασφάλιση της ηδονής, αποδείχτηκε ότι υπάρχουν και σε πιο πρόσφατες εποχές κυρίως έξω από τα όρια της ερημικής ζώνης της Σαχαρασίας. Ωστόσο, κάποτε αποτελούσαν τις κυρίαρχες μορφές συμπεριφοράς και κοινωνικής οργάνωσης σε όλον τον πλανήτη, πριν ενσκήψει η μεγάλη ξηρασία στον Παλαιό Κόσμο. Με τα νέα δεδομένα που παρουσιάζονται εδώ, ο πατρισμός, συμπεριλαμβανομένων των συστατικών του όπως η κακοποίηση των παιδιών, η υποδούλωση των γυναικών, η καταπίεση της σεξουαλικότητας και η καταστροφική επιθετικότητα, εξηγούνται απλούστερα και καλύτερα ως μια κοινωνική και συναισθηματική αντίδραση συστολής προς τις τραυματικές συνθήκες ασιτίας που πρωτοεμφανίστηκαν όταν η Σαχαρασία αποξηράνθηκε μετά το 4000 ΠΤΕ, μια αντίδραση που ακολούθως επεκτάθηκε πέρα από την έρημο, μέσω της εξάπλωσης των τραυματισμένων λαών και των αλλαγμένων κοινωνικών τους θεσμών.

ΒΙΒΛΙΟΓΡΑΦΙΑ

Aykroyd, W. 1974. *The Conquest of Famine*. London: Chatto & Windus.
Bell, B. 1971. «The Dark Ages in Ancient History, 1: The Firs Dark Age in Egypt». *American J. Archaeology*. 75:1-26.
Budyko, M.I. 1958. *The Heat Balance of the Earth's Surface*. N.A. Stepanova, trs. Washington, DC: US Dept. of Commerce.
Brandt, P. 1974. *Sexual Life in Ancient Greece*. NY: AMS Press.
Bullough, V. 1976. *Sexual Variance in Society and History*. NY: J. Wiley.
Cahill, K. 1982. *Famine*. Maryknoll, NY: Orbis Books.
DeMeo, J. 1980. «Cross Cultural Studies as a Tool in Geographic Re-

search». *AAG Program Abstracts, Louisville, 1980,* Washington, DC Association of America Geographers. Annual Meeting. p. 167.

DeMeo, J. 1985. «Archaeological/Historical Reconstruction of Late Quaternary Environmental and Cultural Changes in Saharasia.» Unpublished Monograph, Geography Department, University of Kansas.

DeMeo, J. 1986. *On the Origins and Diffusion of Patrism: The Saharasian Connection.* Dissertation. University of Kansas Geography Department. (Revised version now published as *Saharasia: The 4000 BCE Origins of Child Abuse, Sex-Repression, Warfare and Social Violence, In the Deserts of the Old World,* Natural Energy Works, Ashland, Oregon, 1998.)

DeMeo, J. 1987. «Desertification and the Origins of Armoring, Part 1», *Journal of Orgonomy.* 21(2):185-213.

DeMeo, J. 1988. «Desertification and the Origins of Armoring, Parts 2 & 3», *Journal of Orgonomy.* 22(1):185-213 & 22(2):268-289.

Dingwall, E.J. 1931. *Artificial Cranial Deformation.* London: J. Bale, Sons, & Danielson, Ltd.

Eisler, R. 1987a. *The Chalice and the Blade.* San Francisco: Harper & Row.

Eisler, R. 1987b. «Woman, Man, and the Evolution of Social Structure.» *World Futures.* 23(1):79-92.

Elwin, V. 1947. *The Muria and their Ghotul.* Calcutta: Oxford U. Press.

Elwin, V. 1968. *The Kingdom of the Young.* Bombay: Oxford U. Press.

Fisher, H. 1982. *The Sex Contract: The Evolution of Human Behavior.* NY: William Morrow.

Gage, M. 1980. J. *Woman, Church & State.* Watertown, MA: Persephone Press.

Garcia, R. 1981. *Nature Pleads Not Guilty,* Vol. 1 of the Drought and Man series. IFIAS Project. NY: Pergamon Press.

Garcia, R. & Escudero, J. 1982. *The Constant Catastrophe: Malnutrition, Famines, and Drought,* Vol. 2 of the *Drought and Man* series. IFIAS Project. NY: Pergamon Press.

Gimbutas, M. 1965. *Bronze Age Cultures in Central and Eastern Europe.* The Hague: Mouton.

Gimbutas, M. 1977. «The First Wave of Eurasian Steppe Pastoralists into Copper Age Europe». *Journal of Indo-European Studies,* 5(4), Winter.

Gimbutas, M. 1982. *The Goddesses and Gods of Old Europe.* Berkeley: U. of California Press.

Gorer, G. & Rickman, J. 1962. *The People of Great Russia: A Psychological Study.* NY: W.W. Norton.

Hallet, J.P. & Relle, A. 1973. *Pygmy Kitabu.* NY: Random House.

Hare, K. 1977. «Connections Between Climate and Desertification». *Environmental Conservation.* 4(2):81-90.

Hodin, M. 1937. *A History of Modern Morals.* NY: AMS Press.

Hosken, F. 1979. Hosken Report on Genital and Sexual Mutilation of Females, 2nd Ed., Lexington, MA: Women's International Network News.

Huntington, E. 1907. *The Pulse of Asia.* NY: Houghton-Mifflin.

Huntington, E. 1911. *Palestine and its Transformation.* NY: Houghton-Mifflin.

Jordan, T & Rowntree, L. 1979. *The Human Mosaic.* NY: Harper & Row. p.187.

Kiefer, O. 1951. *Sexual life in Ancient Rome.* NY: Barnes & Nobel.

Klaus, M.H. & Kennell, J.H. 1976. *Maternal-Infant Bonding: The Impact of Early Separation or Loss on Family Development.* St. Louis: C.V. Mosby.

LeBoyer, F. 1975. *Birth Without Violence.* NY: Alfred Knopf.

Levy, H.S. 1971. *Sex, Love, and the Japanese.* Washington, DC: Warm-Soft Village Press.

Lewinsohn, R. 1958. A *History of Sexual Customs.* NY: Harper Bros.

Malinowski, B. 1927. *Sex and Repression in Savage Society.* London: Humanities Press.

Malinowski, B. 1932. *The Sexual Life of Savages.* London: Routledge & Keegan Paul.

Mantegazza, P. 1935. *The Sexual Relations of Mankind.* NY: Eugenics Press.

May, G. 1930. *Social Control of Sex Expression.* London: George Allen & Unwin.

Montagu, A. 1945. «Infibulation and Defibulation in the Old and New Worlds». *Am. Anthropologist,* 47:464-7.

Montagu, A. «Ritual Mutilation Among Primitive Peoples». *Ciba Symposium.* pp. 421-36, October.

Montagu, A. 1971. *Touching: The Human Significance of the Skin.* NY: Columbia U. Press.

Murdock, G.P. 1967. *Ethnographic Atlas.* U. Pittsburgh Press.

Pitcher, D.E. 1972. *An Historical Geography of the Ottoman Empire.* Leiden: E.J. Brill. Map V.

95

Prescott, J. 1975. «Body Pleasure and the Origins of Violence». *Bulletin of Atomic Scientists.* November, pp. 10-20.

Prescott, J., Read, M. & Coursin, D. 1975. *Brain Function and Malnutrition.* NY: J. Wiley & Sons.

Reich, W. 1935. *The Invasion of Compulsory Sex-Morality.* 3rd Edition. NY: Farrar, Straus & Giroux edition. 1971.

Reich, W. 1942. *Function of the Orgasm.* NY: Farrar, Straus & Giroux edition. 1973.

Reich, W. 1945. *The Sexual Revolution.* 3rd Edition. NY: Octagon Books edition. 1973.

Reich, W. 1947. *The Mass Psychology of Fascism.* 3rd Edition. NY: Farrar, Straus & Giroux edition. 1970.

Reich, W. 1949. *Character Analysis.* 3rd Edition. NY: Farrar, Straus & Giroux edition. 1971.

Reich, W. 1953. *People in Trouble.* NY: Farrar, Straus & Giroux edition.1976.

Reich, W. 1967. *Reich Speaks of Freud.* NY: Farrar, Straus & Giroux.

Reich, W. 1983. *Children of the Future.* NY: Farrar, Straus & Giroux.

Stewart, D. & Stewart, L. 1978a. *Safe Alternatives in Childbirth.* Chapel Hill, NC: NAPSAC.

Stewart, D. & Stewart, L. 1978b. *21st Century Obstetrics Now!* Vols. 1 & 2. Chapel Hill, NC: NAPSAC.

Stone, M. 1976. *When God Was a Woman.* NY: Dial.

Sorokin, P. 1975. *Hunger as a Factor in Human Affairs.* Gainesville: Univ. Florida Press.

Tannahill, R. 1980. *Sex in History.* NY: Stein & Day.

Taylor, G.R. 1953. *Sex in History.* London: Thames & Hudson.

Turnbull, C. 1961. *The Forest People.* NY: Simon & Schuster.

Turnbull, C. 1972. *The Mountain People.* NY: Simon & Schuster.

Van Gulik, R. 1961. *Sexual Life in Ancient China.* Leiden: E.J. Brill.

Velikovsky, I. 1950. *Worlds in Collision.* NY: Macmillan.

Velikovsky, I. 1984. *Mankind in Amnesia.* NY: Doubleday.

ΕΠΙΚΑΙΡΟΠΟΙΗΣΗ ΤΗΣ ΘΕΩΡΙΑΣ ΠΕΡΙ ΣΑΧΑΡΑΣΙΑΣ

Τα νέα στοιχεία που αφορούν στην προέλευση της βιαιότητας του ανθρώπου κατά την αρχαιότητα μπορούν να ταξινομηθούν χρονικά και γεωγραφικά σε τέσσερις κύριες περιφερειακές κατηγορίες προϊστορικής βίας:

1. Όπως αναφέρω και στο βιβλίο *Σαχαρασία*, υπάρχουν διάσπαρτες τοποθεσίες στη Μικρά Ασία και στη Μέση Ανατολή στις οποίες ανιχνεύονται «ψήγματα» κοινωνικής βίας από το 5000 ΠΤΕ, και πιθανώς προγενέστερα. Στις τοποθεσίες αυτές συμπίπτουν χρονικά με προσωρινά επεισόδια ξηρασίας και ανυδρίας, τα οποία συνοδεύτηκαν με εγκατάλειψη πολλών χωριών και τοποθεσιών της συγκεκριμένης περιοχής. Οι πρώτες αυτές ενδείξεις εγκατάλειψης της γης και πιθανώς μεταναστεύσεων, η ενδεχόμενη εμφάνιση κοινωνικής βίας σποραδικά, και μερικές περιπτώσεις παραμόρφωσης του κρανίου βρεφών, δεν έγιναν επιδημικές, ούτε διαδόθηκαν ευρέως, ούτε μονιμοποιήθηκαν. Εμφανίστηκε η ξηρασία, την οποία ακολούθησαν ενδείξεις κοινωνικής αναταραχής αλλά όταν επέστρεψαν οι υγρές συνθήκες στην περιοχή, οι καταυλισμοί επέστρεψαν με τη σειρά τους στην υπό ειρηνικές συνθήκες ανάπτυξη.

2. Σε ένα σύμπλεγμα τοποθεσιών στη νότια Γερμανία τεκμηριώνονται βίαιες συνθήκες μεταξύ 5500-4000 ΠΤΕ. Αυτά τα σημεία σφαγών, στα Ταλχάιμ, Σλετς και Όφνετ, πιθανόν να ανήκουν στο ύστερο τμήμα αυτού του χρονικού διαστήματος, γεγονός που τα τοποθετεί στο ίδιο χρονικό σημείο με τα γεγονότα που περιγράφονται στο βιβλίο *Σαχαρασία*, όταν η Ευρώπη μετασχηματίστηκε εξαιτίας εισβολών από την Κεντρική Ασία. Αν αποδειχθεί ότι αυτές οι παλαιότερες ημερομηνίες ισχύουν, τότε θα πρέπει να θεωρηθούν αποκλίσεις από το πλαίσιο της θεωρίας περί

Σαχαρασίας, ωστόσο θα μπορούσαμε να υποθέσουμε ότι σχετίζονται με τις μεμονωμένες, διάσπαρτες και μη μόνιμες ενδείξεις βίας που εξαπλώθηκαν στη Μικρά Ασία και στη Μέση Ανατολή και συμπίπτουν με κάποια τεκμηριωμένη υποφάση ανυδρίας και εγκατάλειψης γης, όπως την περιγράψαμε στην προηγούμενη παράγραφο. Όποιες και αν είναι οι ημερομηνίες που συνέβησαν, οι σφαγές αυτές έγιναν σε περιοχές που δεν επικρατούσαν συνθήκες ξηρασίας, ούτε μπορούμε να επικαλεστούμε κάποιον άλλο μηχανισμό που να σχετίζεται με περιβαλλοντικές πιέσεις όπως η ασιτία και η λιμοκτονία, για να εξηγηθεί η «αυθόρμητη» γένεση της μεμονωμένης βίας που εμφανίστηκε. Φαίνεται βέβαιο ότι συνέβησαν συνέπεια της πολιτισμικής εξάπλωσης πολεμοχαρών ομάδων που προέρχονταν από τις γειτονικές περιοχές που πλήττονταν από ξηρασία, είτε από την Κεντρική Ασία περίπου το 4000 ΠΤΕ ή —το πιο πιθανό— να προέρχονται από τη Μικρά Ασία κάποια στιγμή πριν ή περί το 5500 ΠΤΕ, μετά από μεταναστευτικές ροές για ανεύρεση καλλιεργήσιμων εδαφών, όπως φαίνεται στον Χάρτη 11. Η γεωγραφική συγκέντρωση των τοποθεσιών αυτών στην Γερμανία δεν ενισχύει τον ισχυρισμό περί ύπαρξης ευρέως διασκορπισμένης ή καθολικής βίας, αλλά μάλλον τον αντίθετο, δηλαδή την ύπαρξη μεμονωμένων θυλάκων βίας μέσα σε έναν ευρύτερο ωκεανό ειρηνικών κοινωνικών συνθηκών.

98

Η μεγάλη μαύρη βούλα στην Κεντρική Γερμανία αντιστοιχεί περίπου στην τοποθεσία των αρχαιολογικών χώρων των Όφνετ, Σλετς και Τάλχαϊμ, όπου διαπιστώνονται ενδείξεις κοινωνικής βίας και δολοφονιών σε καιρό πολέμου, χρονολογούμενες μεταξύ 5500-4000 ΠΤΕ περίπου. Τα παραδείγματα αυτά είναι από τα πρώτα σημάδια βίας στην Ευρώπη και φαίνεται να είναι συνέπεια μεμονωμένων εισβολών φυλών από τη Μέση Ανατολή και από τη Μικρά Ασία, που εκείνη την εποχή υπέφεραν εξαιτίας μιας υποφάσης πρόωρης ερημοποίησης, εγκατάλειψης γης και μεμονωμένης κοινωνικής βίας.

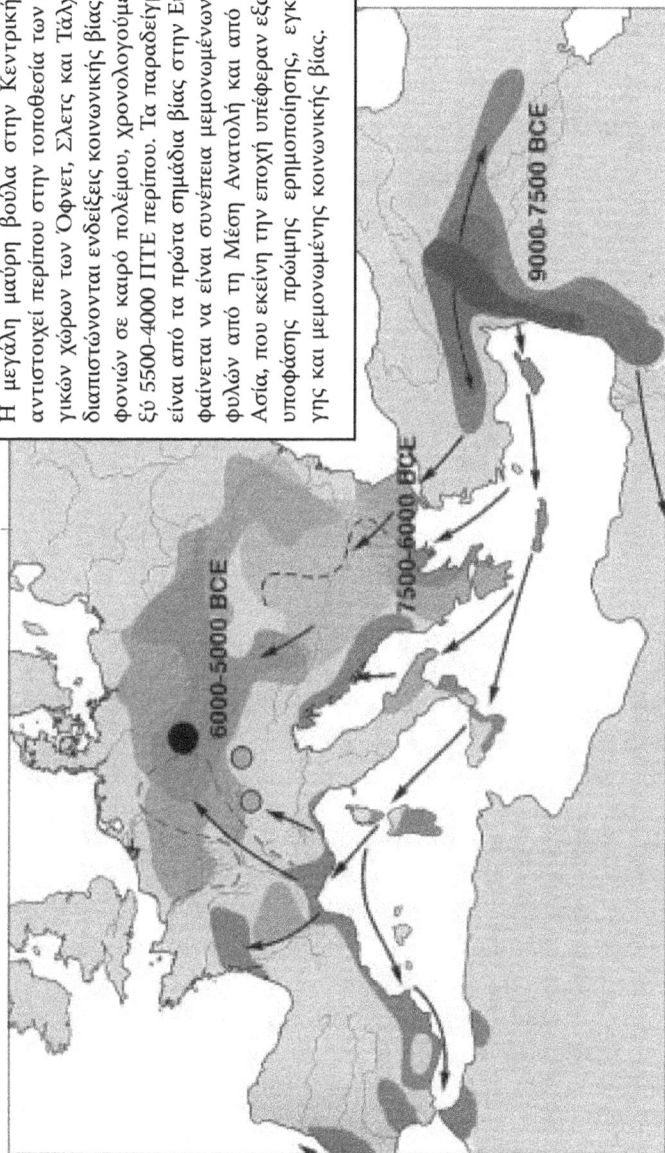

9000-7500 BCE

7500-6000 BCE

6000-5000 BCE

Χάρτης 11: Διαδρομές γεωργικής εξάπλωσης (και βίας;) στην Ευρώπη από τη Μέση Ανατολή και από τη Μικρά Ασία, περίπου μεταξύ 9000-5000 ΠΤΕ. (Κατά Ζίμερμαν, 2002.)

99

ΠΙΝΑΚΑΣ 3.
Οι πολιτισμοί Ωκεανίας και Νέου Κόσμου ήταν λιγότερο βίαιοι/πατριστικοί από τους πολιτισμούς του Παλαιού Κόσμου.
(Στοιχεία του Μέρντοκ, βλ. σ. 73 του βιβλίου «Σαχαρασία».)

Περιοχή	Πατριστικές αξίες % Μέσος όρος	Αριθμός πολιτισμών που εμπίπτουν στο	
		Ανώτερο τρίτο Ακραία πατριστικοί	Κατώτερο τρίτο Ακραία μητριστικοί
Αφρική	65%	219	5
Λεκάνη Μεσογείου	67%	109	12
Ανατολική Ευρασία	55%	26	17
Νησιωτικός Ειρηνικός (Ωκεανία)	41%	11	31
Βόρειος Αμερική	29%	1	166
Νότιος Αμερική	30%	2	62

3. Η βία στην κοιλάδα του Νείλου, στο Τζέμπελ Σαχάμπα, στο Γουάντι Κουμπιγιάνα και σε μερικές άλλες τοποθεσίες περίπου το 12.000 ΠΤΕ, δεν αντιστοιχεί με το χρονικό σημείο εμφάνισης ξηρασίας και ασιτίας στη Σαχαρασία που ξεκίνησε το 4000 ή ακόμα και το 5000 ΠΤΕ, αλλά παρ' όλα αυτά συμπίπτει με μια προηγούμενη περίοδο έντονης ανυδρίας, πριν τη νεολιθική υγρή φάση της Βόρειας Αφρικής. Ως τέτοια, από αυτήν την πολύ πρώιμη βία στη Βόρεια Αφρική επιβεβαιώνεται ο βασικός μηχανισμός ξηρασίας-ασιτίας για τη γένεση βίας, όπως περιγράφεται στο βιβλίο *Σαχαρασία*. Επιπλέον, η όποια βία υπήρχε σε αυτήν την πολύ πρώιμη εποχή ήταν τόσο διασκορπισμένη και μεμονωμένη στην κατανομή της ώστε εξαφανίστηκε μόλις άρχισε η νεολιθική υγρή περίοδος. Μόλις η Βόρειος Αφρική έγινε υγρή και με πλούσια βλάστηση, χορτάρι, δέντρα, μεγάλα φυτοφάγα ζώα και πολλούς μεγάλους ποταμούς και λίμνες, οι ενδείξεις ανθρώπινης βίας εξαφανίζονται, για να επανεμφανιστούν μετά το 3500 ΠΤΕ περίπου, όταν επικρατούν πάλι συνθήκες ξηρασίας. Στην τελευταία αυτή περίπτωση, οι συνθήκες βίας, μαζί με τις σκληρές άγονες κλιματολογικές συνθήκες, από το 3500 ΠΤΕ περίπου και καθ' όλη την ενδιάμεση περίοδο μέχρι τη σημερινή εποχή, γίνονται μόνιμο γενικευμένο φαινόμενο, που καταγράφεται από εθνογράφους και ανθρωπολόγους και τεκμηριώνεται στο βιβλίο μου με τίτλο *Σαχαρασία*, και πιο συγκεκριμένα στον «Παγκόσμιο χάρτη συμπεριφοράς».

4. Στην ΝΑ Αυστραλία, εμφανίζεται μια τύπου Σαχαρασίας γένεση μικρής κλίμακας κοινωνικής βίας μεταξύ ομάδων —με τεχνητή παραμόρφωση του κρανίου των βρεφών, με μη θανατηφόρες μάχες μεταξύ μελών της ιδίας οικογένειας και φυλής με σκοπό τις γυναίκες— κατά τη διάρκεια ενός επεισοδίου ασυνήθιστης ξηρασίας και πιθανώς ασιτίας. Η βία εμφανίστηκε κατά τη διάρκεια υπεράνυδρων συνθηκών που ξεκίνησαν το 11.000 ΠΤΕ περίπου, η ένταση των οποίων μειώθηκε και σταδιακά εξαφανίστηκαν έως το 7000 ΠΤΕ περίπου, όταν οι υγρές συνθήκες επέστρεψαν. Το γεγονός αυτό υποδηλώνει την ισχυρή επίπτωση της ερημοποίησης και της ανυδρίας στις κοινωνικές συνθήκες, όπως περιγράφεται λεπτομερώς στο βιβλίο μου.

Στον Χάρτη 12 αποτυπώνονται αυτές οι τέσσερις τοποθεσίες ή περιοχές με επιβεβαιωμένες αρχαιολογικές ενδείξεις βίας στην περίοδο πριν τη δημιουργία της Σαχάρας, δηλαδή πριν από το 4000 ΠΤΕ.

Μετά το 4000-3500 ΠΤΕ περίπου, όταν σε όλη τη Σαχαρασία άρχισε να επιδεινώνεται η έντονη και εκτεταμένη λειψυδρία, αυξήθηκε η ξηρασία, η ασιτία, ο λιμός και η εγκατάλειψης της γης, αναγκάζοντας τους λαούς να μεταναστεύσουν μαζικά, όπως περιγράφεται στο βιβλίο *Σαχαρασία*. Τότε εμφανίστηκε εκ νέου η βία, αυτή τη φορά όμως ως αντίδραση σε μια ευρύτερα διαδεδομένη και μόνιμη κατάσταση ξηρασίας-ασιτίας που οδήγησε στην εγκατάλειψη ολόκληρων περιοχών. Έχουμε περιγράψει λεπτομερώς σε άλλο πλαίσιο την άφιξη στην Ευρώπη των πληγέντων από ασιτία, βίαιων Κεντροασιατών μεταναστών. Δημιούργησαν χάος στα ειρηνικά χωριά και στα εμπορικά κέντρα, εγκαινιάζοντας την εποχή του πολεμικού πέλεκυ, των πολεμοχαρών νομάδων Κουργκάνων, των οχυρωματικών έργων και των βασιλέων-

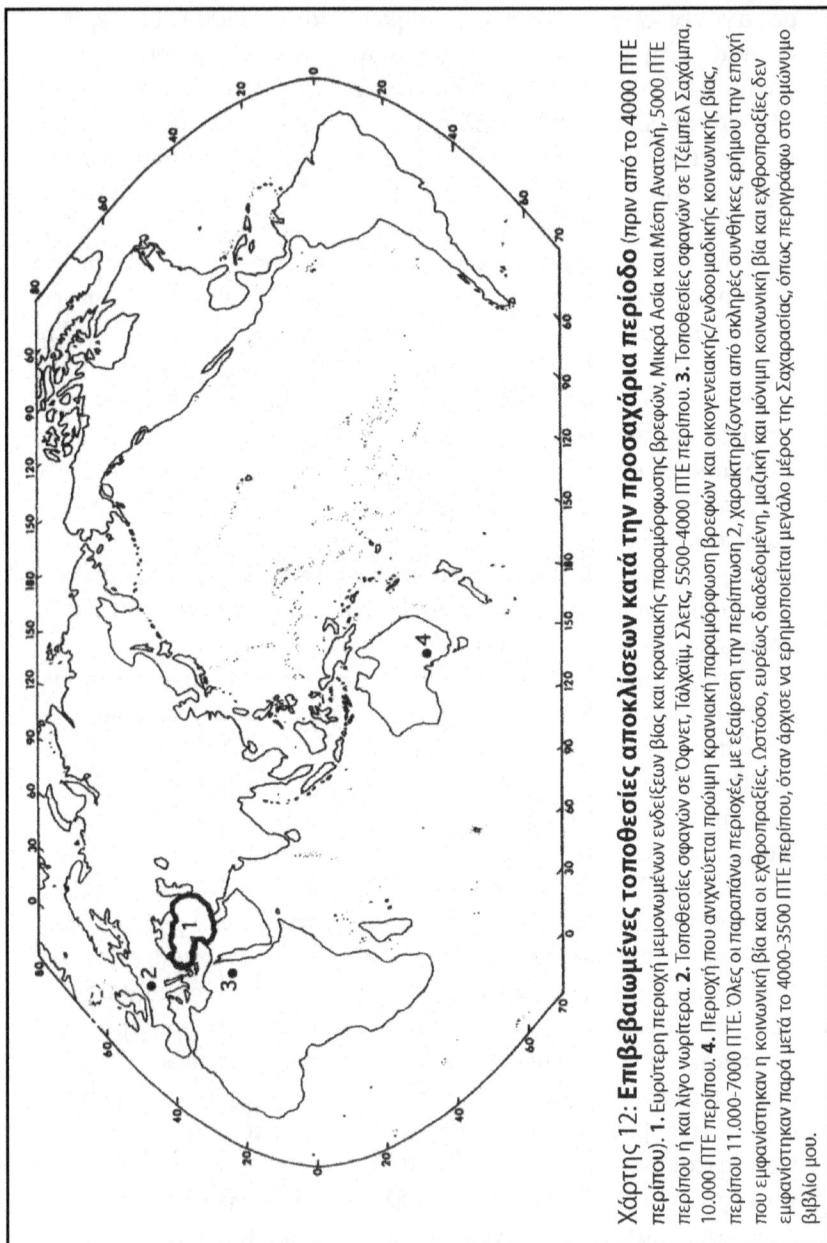

Χάρτης 12: **Επιβεβαιωμένες τοποθεσίες αποκλίσεων κατά την προσαχάρια περίοδο** (πριν από το 4000 ΠΤΕ περίπου). **1.** Ευρύτερη περιοχή μεμονωμένων ενδείξεων βίας και κρανιακής παραμόρφωσης βρεφών, Μικρά Ασία και Μέση Ανατολή, 5000 ΠΤΕ περίπου ή και λίγο νωρίτερα. **2.** Τοποθεσίες σφαγών σε Όφνετ, Τάλχαϊμ, Σλετς, 5500-4000 ΠΤΕ περίπου. **3.** Τοποθεσίες σφαγών σε Τζέμπελ Σαχάμπα, 10.000 ΠΤΕ περίπου. **4.** Περιοχή που ανιχνεύεται πρώιμη κρανιακή παραμόρφωση βρεφών και οικογενειακής/ενδοομαδικής κοινωνικής βίας, περίπου 11.000-7000 ΠΤΕ. Όλες οι παραπάνω περιοχές, με εξαίρεση την περίπτωση 2, χαρακτηρίζονται από σκληρές συνθήκες ερήμου την εποχή που εμφανίστηκαν η κοινωνική βία και οι εχθροπραξίες. Ωστόσο, ευρέως διαδεδομένη, μαζική και μόνιμη κοινωνική βία και εχθροπραξίες δεν εμφανίστηκαν παρά μετά το 4000-3500 ΠΤΕ περίπου, όταν άρχισε να ερημοποιείται μεγάλο μέρος της Σαχαρασίας, όπως περιγράφω στο ομώνυμο βιβλίο μου.

πολέμαρχων, ενώ ακολουθήθηκαν από μεταγενέστερα κύματα νέων μεταναστών, οι οποίοι μεταφύτεψαν τον σπόρο της βίας μέσω των κοινωνικών θεσμών τους που γεννήθηκαν και ανδρώθηκαν στην έρημο.

Όπως ισχυρίζομαι στο βιβλίο μου *Σαχαρασία*, η βία αγκυρώθηκε στην ανθρώπινη χαρακτηροδομή, μέσω της ανάπτυξης νέων κοινωνικών θεσμών που δικαιολογούσαν και επικροτούσαν τον σαδισμό και την αιματοχυσία, ακόμα και όταν κατευθυνόταν προς βρέφη, προς μικρά παιδιά, και προς το αντίθετο φύλο. Το κλειδί για τη εξαγωγή της πρωτοεμφανισθείσας βίας που σχετίζεται με την ασιτία στις υπό ξηρασία ευρισκόμενες περιοχές, βρίσκεται στην υιοθέτηση νέων κοινωνικών θεσμών που αναπαράγουν τη βία από γενεά σε γενεά, ανεξάρτητα από το κλίμα. Τα παλαιότερα επεισόδια ανθρώπινης βίας, που αναφέρονται στις παραπάνω παραγράφους, δεν είχαν μόνιμο χαρακτήρα, και αυτό ενδεχομένως να οφείλεται στο γεγονός ότι οι κοινωνικές ομάδες σε αυτές τις αρχαίες εποχές δεν είχαν ακόμα αναπτύξει ούτε το μέγεθος ούτε την οργανωτική πολυπλοκότητα με την οποία θα μπορούσαν οι νέοι κοινωνικοί θεσμοί να διατηρηθούν σε βάθος χρόνου. Μια υπόθεση που πιθανώς να εξηγεί τα ευρήματα που προαναφέρθηκαν είναι οι συνθήκες στη Μικρά Ασία και στη Μέση Ανατολή να δημιούργησαν κάποια στοιχεία κοινωνικής αναταραχής και βίας σε μικρό αριθμό πολιτισμών, οι οποίοι στη συνέχεια μετανάστευσαν στη Νότια Γερμανία και διέπραξαν σφαγές. Κάτι ανάλογο πρέπει να συνέβη και στην περιοχή του Νείλου, και έτσι διακιολογούνται οι αποκλίσεις στις τοποθεσίες Τζέμπελ Σαχάμπα και Γουάντι Κουμπιγιάνα. Σε κάποια χρονική στιγμή, οι βίαιες αυτές πολιτισμικές ομάδες έσβησαν ή αφομοιώθηκαν από άλλους ειρηνικούς πολιτισμούς ή εξαφανίστηκαν με κάποιον άλλο τρόπο. Οι ειρηνικές κοινωνικές συνθήκες επανεμφανίστηκαν μόλις οι βροχές και η τροφή έγιναν πάλι άφθονες.

Πολλοί ισχυρισμοί περί βίας που συναντώνται στα αρχαιολογικά αρχεία και χαρακτηρίζεται «προϊστορική» με πολύ γενικό τρόπο, πρέπει πραγματικά να επανεξετασθούν πολύ πιο κριτικά και να διατυπωθούν με μεγαλύτερη ακρίβεια τόσο από άποψη χρονολόγησης όσο και άποψη γεωγραφίας. Ανθρώπινα οστά με σημάδια κοπής δεν αποτελούν αυτομάτως «ενδείξεις κανιβαλισμού», δεδομένου ότι υπάρχουν νεκρικές τελετές κατά τις οποίες τα οστά των νεκρών καθαρίζονται από κάθε σάρκα. Μεμονωμένα κυνηγετικά δυστυχήματα —όπου ένα βλητικό όπλο βρίσκεται σφηνωμένο σε κάποιον σκελετό— δεν μπορούν, από μόνα τους, να αποτελέσουν ενδείξεις ευρύτερης κοινωνικής βίας και εχθροπραξιών, ιδιαίτερα όταν το πληγέν άτομο εμφανίζει σημάδια ίασης του οστού και συμπονετικής ταφής. Μια αφηρημένη βραχογραφία που φαίνεται να απεικονίζει κάποιον που σκοτώνεται από πολυάριθμα ακόντια, η οποία όμως δεν είναι τόσο εμφανής σε σημείο που να χρειάζεται κάποιος ειδικός για να εξηγήσει τις λεπτομέρειες, ανήκει —στην καλύτερη περίπτωση— στην κατηγορία της ασαφούς εικοτολογίας. Αν το μάτι ενός συνηθισμένου ανθρώπου δεν μπορεί να διακρίνει βία στις σκηνές που απεικονίζονται στις βραχογραφίες, είναι πολύ πιθανόν η βία να υπάρχει μόνο στο μυαλό του ειδικού. Και σε ορισμένες περιπτώσεις, είναι πιθανόν μεταγενέστερες γενεές βίαιων ανθρώπων να προσέθεσαν ακόντια σε μια παλαιότερη βραχογραφία, όπως οι άνθρωποι σήμερα προσθέτουν γραφίτι για να «βελτιώσουν» μια υπάρχουσα φωτογραφία κάποιου ανθρώπου. Αν από τις αρχαιολογικές ανασκαφές δεν τεκμηριώνεται η ύπαρξη βίας σε σκελετούς και δομές, οι ενδείξεις από βραχογραφίες αποτελούν —στην καλύτερη περίπτωση— μόνο μια πιθανή εκδοχή. Και το χρονικό σημείο της πρώτης εγκατάστασης σε μια τοποθεσία δεν πρέπει να συγχέεται με το χρονικό σημείο της πρώτης σαφούς και αναμφισβήτητης ένδειξης βίας. Μια τοποθεσία μπορεί να κατοικείται επί εκατοντάδες ή χιλιάδες χρόνια προτού εμφανιστούν τα πρώτα σαφή σημάδια βίας.

Έχω δείξει εδώ ότι η βία στην αρχαία Κίνα, σε καταυλισμούς εμπορικών συναλλαγών της αρχαίας Ευρώπης, στις βραχογραφίες της νεολιθικής Ισπανίας και στις σφαγές προ-Κολομβιανών πολιτισμών του Νέου Κόσμου, εμπίπτει εντός των παραμέτρων που δίνονται στο βιβλίο μου *Σαχαρασία*, και ότι είναι παραδείγματα που ενισχύουν περαιτέρω τη γενικότερη θεωρία περί Σαχαρασίας. Αυτό φαίνεται σαφέστερα στην περίπτωση της Αμερικής, όπου *το μεγαλύτερο μέρος* των ενδείξεων για σφαγές ολόκληρων χωριών εντοπίζεται σε περιοχές που αναγνωρίζονται στον «Παγκόσμιο χάρτη συμπεριφοράς» ως συμπλέγματα θωρακισμένου πατρισμού. Οι στενές γεωγραφικές συσχετίσεις είναι, πράγματι, εντυπωσιακές. Το ερώτημα είναι: πώς, πού και υπό ποίες συνθήκες αναπτύσσεται η κοινωνική βία και οι εχθροπραξίες. Πρόκειται για κάτι που μπορεί να συμβεί οπουδήποτε, υπό οιεσδήποτε συνθήκες, κάτι που υποβόσκει κάτω από το προσωπείο του ανθρώπου και περιμένει να αναδυθεί και να δημιουργήσει κοινωνικό χάος; *Ή μήπως η βία συγκρούεται και αντιφάσκει με τη βασική βιολογία μας, και απαιτείται κάποιο πολύ σοβαρό τραύμα για να αναδυθεί, είτε τραύμα στη μήτρα, είτε στην κούνια, είτε στο σπίτι και στην οικογένεια, ή κάποιο μεγαλύτερο τραύμα από έντονη ξηρασία, υποβάθμιση της γης, διαταραχή στα αποθέματα τροφής και νερού και την ασιτία και τον λιμό που ακολουθούν;*

Όλες αυτές οι σκέψεις αναλύθηκαν στο βιβλίο μου με τίτλο *Σαχαρασία*, και έτσι δεν θα επαναληφθούν εδώ — αλλά το θέμα είναι σε ποιο βαθμό μπορεί να αμφισβητηθεί η περί Σαχαρασίας υπόθεση από τα νεότερα αρχαιολογικά ευρήματα. Έχω δείξει ότι η ευρύτερη ανακάλυψη και η θεωρία περί Σαχαρασίας δεν καταρρίπτεται τόσο εύκολα, διότι τεκμηριώνεται από πολύ συγκεκριμένα στοιχεία. Εφόσον η πρώιμη βία που τοποθετείται χρονολογικά μεταξύ 4000-3500 ΠΤΕ συνδέεται με την ύπαρξη έντονης ξηρασίας, ερημοποίησης, κοινωνικών μετακινήσεων και ασιτίας στους ανθρώπινους πολιτισμούς, είναι αναμενόμενο να βρούμε *παρόμοιες κοινωνικές αντιδράσεις υπό συνθήκες παρόμοιου περιβάλλοντος, ακόμα και αν οι συνθήκες αυτές επικρατούσαν πριν από το 4000 ΠΤΕ.* Επί του συγκεκριμένου θέματος όμως, η αρχαιολογία δεν υποστηρίζει το μύθευμα ότι οι αρχαίοι άνθρωποι ήταν το ίδιο πολεμοχαρείς και αιμοσταγείς όπως οι «πολιτισμοί» των ιστορικών και των σύγχρονων χρόνων. Αντιθέτως, *όσο παλαιότερα στον χρόνο ανατρέχουμε, δηλαδή πριν το ορόσημο των 4000-3500 ΠΤΕ, τόσο δυσκολότερο είναι να βρούμε σαφείς και αδιαμφισβήτητες ενδείξεις ανθρώπινης βίας, και όσες υπάρχουν είναι περιφερειακά απομονωμένες και αποκλίνουσες.*

Ο Μπράιαν Φέργκιουσον αφού επισκόπησε εκτενώς το αρχαιολογικό αρχείο αναζητώντας ενδείξεις ανθρώπινης βίας, έχει να παρατηρήσει τα ακόλουθα επί του θέματος, στον επίλογο του βιβλίου του *Troubled Times: Violence and Warfare in the Past* *(Ταραγμένοι καιροί: Βία και πόλεμος στο παρελθόν)*:

Πού μας οδηγούν όλες αυτές οι ενδείξεις; Παραδόξως, με την τεκμηρίωση της βίας, των πολέμων και των παραλλαγών τους σε συνάρτηση με την τοποθεσία και τον χρόνο, από τα κεφάλαια αυτά αναδεικνύεται η απουσία των δύο αυτών στοιχείων στο μεγαλύτερο μέρος της προϊστορίας του ανθρώπου. Και τα στοιχεία της έρευνας αυτής συγκεντρώθηκαν ειδικά για να αποδειχθεί η ύπαρξη βίας. Μια άλλη ευρεία συλλογή «παλαιοπαθολογίας στην αυγή της γεωργίας» (Cohen & Armelagos, 198) μας εντυπωσιάζει λόγω της σχετικής απουσίας των ενδείξεων που παρουσιάζονται εδώ. Εν μέρει αυτό μπορεί να οφείλεται σε παραμέληση. Όπου όμως αναλύονται ειδικά τα τραύματα, σε πολλές περιπτώσεις υπάρχουν ελάχιστα ή καθόλου στοιχεία που να δείχνουν κάποιο κοινωνικό πρότυπο βίας. (Περιέργως, οι περισσότερες ενδείξεις τραύματος στους Κόεν & Αρμελάγκος προέρχεται από τοποθεσίες στις εκβολές του Μισισιπή...)
Υπάρχουν και άλλες μελέτες που δείχνουν ότι η ανάδυση της βίας και του πολέμου είναι μεταγενέστερη. Από μία επισκόπηση τοποθεσιών που έγινε στη νότια Ασία (Kennedy, 1984: 178, 183) ανακαλύφθηκαν περιορισμένες σκελετικές ενδείξεις τραυμάτων. Τα περισσότερα εμφανίζονται στο Χάραπαν, ενώ ακόμα και εκεί οι παλαιότερες αναφορές περί σφαγών έχουν αμφισβητηθεί έντονα. Στη Μέση Ανατολή, από την ύστερη παλαιολιθική έως κάποιο προχωρημένο χρονικό σημείο της νεολιθικής, ενδείξεις βίας και πολέμου απουσιάζουν εμφανώς από την πληθώρα των σκελετικών λειψάνων που βρέθηκαν σε καταυλισμούς. (Rathburn, 1984· Roper, 1974· Smith, Bar Yosef & Sillen, 1984.)

Μια φιλόπονη αναζήτηση αρχαιολογικών ενδείξεων πολέμου στη Νότιο Αμερική (Redmond, 1994) απέφερε ελάχιστα στοιχεία που να είναι πειστικά και πρώιμα.

Στην ακτή του Περού κατά την προκεραμική εποχή, κάθε ένδειξη βίαιης σύγκρουσης είναι συγκριτικά νεώτερη και περιορίζεται σε ελάχιστες τοποθεσίες (Quilter, 1989:65, 78, 85), εκτός από τα εξαιρετικά προβληματικά ευρήματα στην Όστρα. (Topic, 1989.) Στις πεδιάδες της δυτικής Βενεζουέλας, ενδείξεις πολέμου εμφανίζονται μόνο σε συνδυασμό με εντατική γεωργική καλλιέργεια και την άνοδο βασιλείων, μετά το 500 μ.Χ. (Spencer & Redmond, 1992:153.)

Στην Ευρώπη της μεσολιθικής και της ύστερης νεολιθικής περιόδου υπάρχουν ενδείξεις προσωπικής βίας (Meiklejohn et al 1984, Whittle 1985) όπως αναφέραμε προηγουμένως, αλλά αυτές είναι ασυνήθεις. Η κατάσταση στην Κίνα είναι παρόμοια: ελάχιστες ενδείξεις διαπροσωπικής βίας (δύο σκελετοί με αιχμές δόρατος) δίνουν τη θέση τους σε γενικευμένες ενδείξεις πολέμου — οχυρωματικά έργα, εξειδικευμένα όπλα και πολλά οστεολογικά ευρήματα— μόνο στην ύστερη Νεολιθική εποχή, μαζί με την ανάπτυξη της οικονομικής ανισότητας, και όχι πολύ πριν την ανάδυση των κρατών. (Underhill, 1989.) Παρόμοια αλλαγή συνέβη και στην προϊστορική Ιαπωνία, όπου οι ενδείξεις βίαιου θανάτου αυξάνονται από περίπου 0,002% από περίπου 5.000 σκελετούς της προγεωργικής περιόδου Γιομόν, σε περισσότερο από 10% όλων των θανάτων στη μεταγενέστερη γεωργική εποχή Γιαγόι. (Farris, n.d.) Σε όλες αυτές τις περιοχές, ο πόλεμος τελικά εδραιώνεται και διαδίδεται ευρέως, αφήνοντας αδιαμφισβήτητα ευρήματα. Και πάλι, είναι δύσκολο να κατανοήσουμε πώς είναι δυνατόν ο πόλεμος να ήταν κάτι κοινό παλαιότερα και σε κάθε περιοχή, και όμως να παρέμεινε τόσο αόρατος.

Ο Ρόπερ (1959, 448) αμφισβητεί κάποιες υποτιθέμενες περιπτώσεις θανάτων στην παλαιολιθική εποχή, αλλά άλλες παραμένουν πειστικές. Η αυστραλιανή βραχογραφία που αναφέραμε νωρίτερα (Tacon & Chippendale 1994) υποδηλώνει προγενέστερα μοτίβα θανατηφόρου βίας, ατομικής και κατόπιν συλλογικής, αλλά ξεχωρίζει ως εξαίρεση που επιβεβαιώνει τον κανόνα. Οι μεμονωμένες δολοφονίες είναι σπάνιες και οι οργανωμένες σφαγές σχεδόν παντελώς απούσες σχεδόν σε όλο το συλλογικό μας παρελθόν.

...αν οι πρόγονοί μας σκότωναν ο ένας τον άλλον... και πέθαιναν από μαχαίρι, ρόπαλο ή πυροβολισμό, θα έπρεπε να το διαπιστώνουμε στο λείψανό τους...

Η απουσία ενδείξεων πολέμου κατά το μεγαλύτερο μέρος του εξελικτικού μας παρελθόντος, καταρρίπτει πολλές θεωρίες.

Ο Φέργκιουσον δεν είναι ο μόνος που διατυπώνει τέτοιες εκτιμήσεις. Ακολουθούν τα λόγια του Ρίτσαρντ Γκάμπριελ, από το βιβλίο *The Culture of War (Ο πολιτισμός του πολέμου)*. Οι δηλώσεις του Γκάμπριελ είναι πολύ πιο σημαντικές διότι η βασική του πεποίθηση είναι ότι οι ρίζες της βίας βρίσκονται στον γενετικό μας κώδικα.

Χρησιμοποιώντας ως αφετηρία τους πολιτισμούς του homo sapiens και του Νεάντερταλ κατά τη λίθινη εποχή, βρίσκουμε ορισμένα αξιοσημείωτα στοιχεία για την ανάπτυξη του πολέμου. Ο άνθρωπος χρειάστηκε τριάντα χιλιάδες χρόνια για να μάθει πώς να χρησιμοποιεί τη φωτιά και άλλα είκοσι χιλιάδες για να εφεύρει το σκληρυμένο από τη φωτιά ξύλινο ακόντιο. Τα ακόντια με τις σιδερένιες αιχμές θα έλθουν πολύ αργότερα. Εξήντα χιλιάδες χρόνια αργότερα ο άνθρωπος εφηύρε το τόξο και το βέλος, με εγκάρσιες λίθινες αιχμές. Ενενήντα χιλιάδες χρόνια μετά την αρχή της λίθινης εποχής του homo sapiens, ο άνθρωπος έμαθε να περιμαντρώνει τα άγρια ζώα και τέσσερις χιλιάδες χρόνια αργότερα κατάφερε να εξημερώσει την αίγα, το πρόβατο, την αγελάδα και τον σκύλο. Περίπου την ίδια εποχή, υπάρχουν ενδείξεις για την αρχή της συστηματικής καλλιέργειας άγριων δημητριακών, αλλά θα χρειαστούν ακόμα δύο χιλιάδες χρόνια για να μάθει πώς να μεταφυτεύει τα άγρια δημητριακά σε καθορισμένους χώρους και άλλα δύο χιλιάδες χρόνια για να μάθει πώς να φυτεύει τα ήμερα στελέχη των δημητριακών σπόρων. Μόνο μετά από αυτήν την εξέλιξη, γύρω στο 4000 ΠΤΕ, κάνει την εμφάνισή του ο πόλεμος ως κύριος κοινωνικός θεσμός του ανθρώπου. Με λίγα λόγια, ο άνθρωπος γνωρίζει τον πόλεμο μόνο στο 6 τοις εκατό περίπου του χρόνου από τότε που άρχισε η λίθινη εποχή του homo sapiens. Αφότου εδραιώθηκε ο πόλεμος, είναι δύσκολο να βρούμε άλλον κοινωνικό θεσμό που να εξελίχθηκε γρηγορότερα. Σε λιγότερο από χίλια χρόνια, ο άνθρωπος ανακάλυψε το ξίφος, τη σφεντόνα, το μαχαίρι, το σκήπτρο, τα ορειχάλκινα όπλα και τα μεγάλα οχυρωματικά έργα. Στα επόμενα χίλια χρόνια εμφανίστηκαν τα σιδερένια όπλα, το άρμα, οι μεγάλοι επαγγελματικοί στρατοί, οι στρατιωτικές σχολές, τα επιτελεία, τα προγράμματα στρατιωτικής εκπαίδευσης, η πρώτη βιομηχανία όπλων, τα γραπτά κείμενα περί τακτικής, στρατιωτικών προμηθειών, συστημάτων διοικητικής μέριμνας, στρατολογίας και στρατιωτικής αμοιβής. Το 2000 π.Χ., ο πόλεμος είχε γίνει ο κυρίαρχος κοινωνικός θεσμός σε σχεδόν όλους τους κύριους πολιτισμούς της Μέσης Ανατολής. [...]

Τα πρώτα ενενήντα τέσσερις χιλιάδες χρόνια μετά την έναρξη της λίθινης εποχής του homo sapiens, δεν υπάρχει καμία ένδειξη ότι ο άνθρωπος εμπλεκόταν σε πόλεμο σε οποιοδήποτε επίπεδο, πόσω μάλλον σε επίπεδο που να καθιστά αναγκαία την οργάνωση ομάδων βίας. Υπάρχουν ελάχιστες ενδείξεις ότι υπήρξε οποιοσδήποτε σκοτωμός.

Οι παραπάνω δηλώσεις, από ακαδημαϊκούς που γνωρίζουν καλά τις αρχαιολογικές ενδείξεις, αποτελούν σοβαρή επιβεβαίωση των βασικών ιδεών που ανέπτυξα στο βιβλίο μου με τίτλο

Σαχαρασία. Αν έτσι έχουν τα πράγματα, τι πρέπει να γίνει με τα διάφορα βιβλία και άρθρα που εξακολουθούν να ισχυρίζονται — χωρίς βάσιμα στοιχεία— ότι η αρχαία ιστορία του είδους μας είναι γεμάτη βία και αίμα; Υπάρχουν πολλά βιβλία περί βίας στην προϊστορική εποχή που καταβάλλουν μεγάλη προσπάθεια για να παρουσιάσουν αρχαιολογικές ενδείξεις, κανένας όμως από όσους συγγραφείς μελέτησα δεν ήταν τόσο τολμηρός με τους αβάσιμους ισχυρισμούς του περί προϊστορικής βίας όσο ο Κίλι, που δυστυχώς ήταν προκατειλημμένος ως προς τη δική του βασική υπόθεση ότι ο πόλεμος είναι αναπόφευκτος, γεγονός που δεν είναι σπάνιο στη σύγχρονη εποχή, όπου ο «γενετικός προκαθορισμός» κυριαρχεί στην επιστήμη, και στις καθημερινές εφημερίδες αναφέρονται πάμπολλες ενδείξεις που ενισχύουν αυτήν την ερμηνεία. Ο Κίλι και οι υποστηρικτές του έχουν απόλυτο δίκιο για τη βία που διαπιστώνεται μεταξύ ορισμένων «πρωτόγονων» και οι εχθροπραξίες μεταξύ των αυτόχθονων πολιτισμών της Αμερικής που παραθέτουν συνεισφέρουν με πληθώρα πρόσθετων ενδείξεων που ενισχύουν τους χάρτες του Νέου Κόσμου που περιλαμβάνει η θεωρία μου περί Σαχαρασίας, ενώ οι υπερασπιστές της άποψης περί βαθιά ριζωμένης βίας του ανθρωπίνου είδους μπορούν να αντλήσουν πολλά στοιχεία από το μεγαλύτερο μέρος της γραπτής ανθρώπινης ιστορίας, που να υποστηρίζουν την άποψή τους. Ωστόσο, οι ενδείξεις σπανίζουν όλο και περισσότερο όσο πιο πίσω πάμε στην προϊστορία, ενώ εξαφανίζονται τελείως πριν από το 4000 ΠΤΕ περίπου. Δηλαδή όσον αφορά στην υπόθεση της *εγγενούς φύσης* της βίας, στο «αναπόφευκτο» και στις «γενετικές εξελικτικές ρίζες» της, *οι ενδείξεις από το απώτερο αρχαίο παρελθόν μας απλώς δεν δικαιολογούν ένα τέτοιο συμπέρασμα.*

Τα αρχικά συμπεράσματα που παρουσιάζονται στο βιβλίο μου με τίτλο *Σαχαρασία* δημοσιεύτηκαν πρώτη φορά τη δεκαετία του 1980 και υποστηρίζονται σχεδόν απολύτως από τις πρόσφατες αρχαιολογικές ενδείξεις, ακόμα και όταν διατυπώνονται από πιστούς υπερασπιστές της θεωρίας περί προϊστορικής βίας: *Σε όλο τον κόσμο υπήρχαν γενικά ειρηνικές κοινωνικές συνθήκες, πριν την ερημοποίηση της Σαχαρασίας μετά το 4000-3500 ΠΤΕ περίπου. Κατά τη διάρκεια της υγρής περιόδου της Σαχαρασίας, μεταξύ 8000-4000 ΠΤΕ περίπου, επικρατούσαν ειρηνικές κοινωνικές συνθήκες σε όλον τον πλανήτη, με ελάχιστες μόνο, μεμονωμένες και όχι αναμφισβήτητες εξαιρέσεις.* Όπου τεκμηριωμένα υπήρξε κοινωνική βία πριν το 4000 ΠΤΕ, σχεδόν σε κάθε περίπτωση, σχετιζόταν με κάποια προσωρινή εμφάνιση έντονης ξηρασίας και συνθηκών ασιτίας. *Μόνο αφότου αυτές οι συνθήκες διαδόθηκαν ευρέως και μονιμοποιήθηκαν η κοινωνική ανθρώπινη βία έγινε μόνιμο και συνεχές χαρακτηριστικό του ανθρώπινου ζώου.* Μόνο αφού ο άνθρωπος αναγκαστεί να υποστεί το φρικιαστικό και συνεχές τραύμα που προέρχεται από τη έντονη ξηρασία και τις συνθήκες ασιτίας, αρχίζουν οι αρχικά ειρηνικές ανθρώπινες κοινωνίες να υποκύπτουν στη δόξα των βίαιων βασιλιάδων-πολεμιστών και πατριαρχικών αιμοδιψών θεών. Χωρίς την έρημο, χωρίς τη Σαχαρασία, η ιστορία και η ανθρωπότητα θα ήταν σήμερα εντελώς διαφορετικές.

BOOKS BY JAMES DEMEO:

Εγχειρίδιο συσσωρευτή οργόνης: Οι ανακαλύψεις και τα θεραπευτικά εργαλεία του Βίλχελμ Ράιχ σχετικά με τη Ζωική Ενέργεια για τον 21ο αιώνα μαζί με οδηγίες κατασκευής (The Orgone Accumulator Handbook: Wilhelm Reich's Life-Energy Discoveries and Healing Tools for the 21st Century, with Construction Plans). Πρόσφατα εκτεταμένη και αναθεωρημένη έκδοση. Natural Energy Works, Ashland, OR 2010.

The Dynamic Ether of Cosmic Space: Correcting a Major Error in Modern Science

Saharasia: The 4000 BCE Origins of Child Abuse, Sex-Repression, Warfare and Social Violence, In the Deserts of the Old World.

In Defense of Wilhelm Reich: Opposing the 80-Years' War of Mainstream Defamatory Slander against One of the 20th Century's Most Brilliant Physicians and Natural Scientists.

Marx Engels Lenin Trotsky: Genocide Quotes. The Hidden History of Communism's Founding Tyrants, in their Own Words.

Preliminary Analysis of Changes in Kansas Weather Coincidental to Experimental Operations with a Reich Cloudbuster: From a 1979 Research Project, reprinted 2010.

(as Editor and Contributor) *Heretic's Notebook: Emotions, Protocells, Ether-Drift and Cosmic Life-Energy, with New Research Supporting Wilhelm Reich.*

(as Editor and Contributor) *On Wilhelm Reich and Orgonomy.*

(as Co-Editor and Contributor) *Nach Reich: Neue Forschungen zur Orgonomie: Sexualökonomie, Die Entdeckung der Orgonenergie.*